KB020659

논문이라는 창으로 본 **과학**

일러두기

1. 책은 『 』로, 작품(시, 소설, 그림, 노래, 영화) 제목과 논문은 「 」로, 인터넷 사이트는 “ ”로, 신문과 잡지는 ＜ ＞로 구분했다.
   단, 각주에서의 영문 책명과 잡지는 따로 구분하지 않았다.
2. 본문에 인용한 외래어 표기는 국립국어원의 표기 원칙에 주로 따랐다.
3. 참고문헌과 그 밖의 참고자료는 각주에 달았고, 이에 따로 정리하지 않았다.

논문이라는 창으로 본 과학

전주홍 지음

지성사

| 감사의 글 |

나 자신에 대한 철저한 반성에서 이 책을 쓰기 시작했다.

어떻게 하면 좋은 과학자를 배출할 수 있을지에 대해 고민이 많았다. 이러한 고민이 생겨나는 곳은 과학자라면 누구든 애증이 교차되는 공간, 실험실이다. 과학자는 강의실이나 도서관이 아니라 실험실에서 태어나기 때문이다. 하지만 정작 문제는 매일 실험실에서 살다시피 하면서 부단히 실험한다고 해서 좋은 과학자가 되는 것은 아니라는 것이다.

'연구를 통한 교육'을 지향하는 실험실 체제의 이념은 19세기 독일에서 시작되어 20세기 미국에 정착되면서 대학원 교육의 전형으로 그리고 연구 중심 대학의 핵심으로 자리 잡았다. 과학적 세계관을 바탕으로 실험 연구에 몰두하는 오늘날의 실험실은 그 어떤 곳보다도 강력하고 효율적인 방식으로 지식을 생산하는 공간이 되었다.

실험실 교육은 강의실에서 이루어지는 교육의 형태와 많이 다르다.

우선 실험실 교육은 도제 학습의 성격이 강하다. 실험실에서는 딱 부러지게 말로 표현할 수 있는 명시적인 지식 또는 공적 지식뿐만 아니라 경험과 훈련 속에서 은연중에 체화되는 암묵적인 지식이나 사적 지식을 주로 다룬다. 또한 실험실에서는 과학 지식뿐만 아니라 과학자 사회의 학문적 에토스나 규범도 다루어진다. 따라서 실험실과 강의실은 지식을 다루는 방식에서 큰 차이를 보인다. 무엇보다도 강의실과 달리 실험실에서는 지식이 생산된다.

실험실에서 이루어지는 모든 활동은 궁극적으로 지식 생산과 연결된다. 그 과정이 쉽지 않기 때문에 실험실이라고 하면 좌절, 절망, 분노, 실패, 극복, 도전, 인내, 환희, 성취 등의 단어를 떠올리게 된다. 하지만 정작 힘든 일은 따로 있다. 생산된 지식을 유통시키는 일이다. 유통되지 않는 지식이 무슨 의미가 있을까? 그래서 실험실의 모든 활동은 논문에서 시작해서 논문으로 끝난다. 더욱이 오늘날 논문은 새로운 과학 지식을 유통시키는 도구일 뿐만 아니라 경력을 쌓고 출세를 하기 위한 강력한 수단으로 자리 잡았다.

최근 들어 논문은 직업적 수단이나 경력 관리의 도구적 성격이 너무나 강해졌다. 그러다 보니 정작 논문에 관한 생산적인 담론은 좀처럼 찾아보기 힘든 상황이 되었다. 과학자에게 논문은 어떤 의미일까? 논문은 한 연구의 종착점이자 새로운 연구의 출발점이지만 논문에 대한 그럴듯한 담론을 찾기 어렵다는 것은 과연 무엇을 말하는 것일까? 경쟁에 시달리는 현실 속에서 우리는 논문의 의미를 찾는 일을 애써 외면하는 것은 아닐까?

논문에 대한 이해의 폭을 보다 더 넓히는 일은 건강하고 생산적인 연구 토양을 일구는 거름이 될 것으로 믿는다. 이 책은 논문 작성에 대한 기술적인 매뉴얼을 제공하는 것이 아니라 논문을 통해 연구의 본질에 다가서려는 의도에서 기획되었다. 이 책을 계기로 다양한 전공 영역에서 실험실과 논문에 관한 담론들이 더욱 풍부하게 세상 밖으로 나오길 바란다. 또한 과학이 하나의 문화로서 내면화되어 과학에 대한 인식이 더욱 성숙해지길 기대한다.

이 책은 크게 세 부류의 독자층에게 도움을 줄 수 있을 것 같다. 먼저, 현재 의생명과학 분야의 실험실에서 연구하는 대학원생이다. 직접 논문을 읽고 써야 하는 입장에서 논문의 의미를 다시 한번 짚어보도록 해줄 것이다. 다음으로, 과학자가 되기 위해 대학원 진학을 꿈꾸는 대학생이다. 과학자로서의 가치관 정립이 왜 중요하고, 훌륭한 과학자로 성장하려면 어떤 소양을 쌓아야 하는지에 관한 통찰을 줄 것이다. 마지막으로, 기초의학이나 생명과학 분야에 관심이 많은 비판적인 고등학생이다. 잘 드러나지 않는 실험실 연구의 여러 가지 면을 보여줌으로써 의생명과학에 관한 실질적인 이해를 높임과 동시에 왜 과학자에게 인문사회학적 소양이 필요한지에 대해서 가늠하도록 해줄 것이다.

고민도 부족했고 그 고민을 담아내기에도 부족했다. 그래서 무엇보다 "너 자신의 무지를 절대 과소평가하지 마라"는 알베르트 아인슈타인의 말을 수없이 되새겼다. 또한 "확신은 대개 지식보다는 무지에서 나온다"라는 찰스 다윈의 말도 놓치지 않으려고 애썼다. 부끄럽지만 더 나은 연구 문화를 향한 여정의 첫 출발이라는 데서 위안을 얻고 싶다. 아울러 나의 작은 노력이 논문에 대한 의미와 가치 그리고 관점을 넓히는 데 조금이라도 기여했으면 한다.

바쁜 시간을 내어 부족한 글을 꼼꼼히 읽고 날카로운 의견을 주신 전북대학교 한국과학문명학연구소 김태호 교수, 한국외국어대학교 이탈리아어과 최병진 교수, 서울대학교 의과대학 생리학교실 김성준 교수, 미생물학교실 이원우 교수, 생화학교실 조성엽 교수, 의료관리학교실 도영경 교수, 콜로라도대학교 미디어통신정보대학 김민소 작가께 감사의 말씀을 드린다. 또한 실험실 현장 연구자의 입장에서 상세히 살펴봐준 곽미선 박사와 박순범 박사, 학생 입장에서 세심하게 원고를 검토해준 서울대학교 의과대학 조민수, 임하은 학생과 서울여자대학교 화학생명환경과학부 김예주 학생께도 감사의 말씀을 전한다.

되돌아보니 그동안 나의 부족함 때문에 나의 실험실에서 고생했던 모든 대학원생이 나의 스승이었다. 이제야 이를 깨달은 것이 부끄럽기 그지없다. 이름은 일일이 열거하지 않겠지만 그들 모두에게 고개 숙여 미안한 마음과 감사한 마음을 전한다. 지적 빚을 지고 있는 지도교수이신 서울대학교 의과대학 생화학교실 김인규 교수 그리고 늘 지적 방패가 되어준 서울대학교 의과대학 생리학교실 김기환 명예교수와 서인석 교수께도 깊이 감사드린다. 끊임없이 지적 자극을 준 서울대학교 의과대학 생리학교실의 모든 교수와 명예교수께도 감사의 말씀을 드린다. 선뜻 출판을 결정해준 이원중 지성사 대표와 책을 꾸며준 직원들께 감사드린다. 이외에도 이름을 밝히지 않은 몇 분께도 깊이 감사드린다.

어머니, 장인, 장모, 동생들 그리고 가족이라는 버팀목이 없었다면 이 책은 나오지 못했을 것이다. 마지막으로 늘 장남을 자랑스럽게 여겼던 돌아가신 아버지와 헌신적으로 사랑을 베풀어줬던 돌아가신 작은고모께 이 책을 바친다.

/ 차례 /

III.
여러 갈래의 길

IV.
숨은 고민들

들어가면서

\# 실험실과 논문

"너 커서 뭐 될래?"

"과학자요!"

예전만큼은 아니더라도 여전히 과학자는 어린아이들에게 매력적인 장래 희망이다. 물론 요즘은 초등학교 고학년만 되어도 이런 대답은 잘 하지 않지만 말이다.

여기서 한 가지 흥미로운 점이 발견된다. 보통 장래 희망으로 얘기하는 대통령, 의사, 판사 등과 달리 과학자는 직종도 직위도 아니다. 선출되거나 자격시험을 치르는 것도 아니다. 그냥 과학 연구를 하는 사람이다. 그럼에도 요즘은 과학자를 하나의 직종처럼 여긴다. 그렇다면 프로야구선수처럼 프로과학자(또는 전업과학자)라고 부르는 것이 더 적합하지 않을까? 과학 연구가 생계의 수단이 될 수 있으니 말이다(물론 18세기경부터 실제 그렇게 되기 시작했다). 그리고 덤으로 프로 의식도 강조할 수 있다.

만약 과학자를 하나의 직종으로 본다면 아주 괜찮은 생계 수단이 될 수 있을까? 요즘은 이런 질문이 정말 중요하긴 하지만 대답하기는 쉽지 않다. 개인적으로는 사실 피하고 싶은 질문이기도 하다. 별다른 이유가 있어서가 아니라 가치의 문제를 굳이 돈으로 따지고 싶지 않아서이다. 다만 현대 문명이 이룬 번영을 보면 과학을 충분히 신봉하고도 남지만 정작 과학자로서의 삶을 살고 싶은지는 별개의 문제인 것 같다.

사실 현대 과학은 좋아한다고 해서 쉽게, 금방 할 수 있는 그런 성격의 일이 아니다. 그만큼 전문화, 세분화, 체계화되었기 때문이다. 요즘 과학자는 생전 들어보지도 못한 어려운 전문용어로만 대화를 나눈다. 전문가라 해도 바로 옆 실험실의 연구조차 제대로 이해하기 벅차다. 실험실에는 값비싼 첨단 연구 장비로 가득 채워져 있다. 과학 연구는 이런 첨단 시설에 힘입어 점점 더 자동화되고 있고 데이터 분석에 슈퍼컴퓨터까지 동원되기도 한다. 조직화된 연구 시설과 연구 지원 체계에 힘입어 연구 생산성은 날마다 향상과 혁신을 거듭하고 있다.

따라서 우리가 흔히 과학 연구의 전형으로 떠올리는 모습은 현대 과학의 이미지와는 거리가 멀다. 이를테면 실험실에서 흰 가운을 입고 비커와 유리막대를 들고 있거나 맨눈으로 현미경을 유심히 쳐다보는 모습 같은 것 말이다. 더군다나 미국 존스홉킨스 대학의 총장 대니얼 길먼(Daniel Gilman, 1831~1908)이 연구 중심 대학의 기틀을 마련한 이후 실험실은 지식의 영역을 확장하는 대학원 교육의 핵심 단위로 뿌리내렸고, 연구와 교육이 강력하게 결합된 공간이 되었다.

요즘 과학자가 되려면 대학원에 진학해서 실험실 생활을 해야만 한다. 그렇다면 과학자가 되려는 학생들은 어떤 생각으로 대학원에 첫발을 내디뎠을까? 흔히 실험이 재미있어서라고 대답한다. 이게 무슨 말일까? 말 그대로 데이터를 생산하는 실험 행위는 흥미로워하지만 데이터를 분석하고 해석하는 작업은 매우 어려워하는 대학원생들이 제법 있다. 그렇다면 결국 단순반복적인 실험하는 행위 자체에 재미를 느낀다는 것인데, 이는 과학이 도대체 무엇인지, 왜 과학 연구를 하려는지에 관한 근본적인 질문을 던지게 한다.

이러한 상황이 전혀 이해되지 않는 것은 아니다. 실제로 실험실 생활은 어려운 점이 많다. 교수나 실험실 선후배나 동료와의 갈등 문제가 아니더라도 말이다. 아무리 머리를 쥐어짜도 논문에서 봤던 그런 기가 막힌 가설은 전혀 떠오르지 않는다. 왜 그렇게 데이터를 해석해야 하는지에 관해 어느 누구도 속 시원하게 설명해주지 않는다. 파워포인트로 자료를 만들고 발표를 하는 데 전혀 문제가 없어도 막상 논문을 쓰려고 하면 머리와 몸이 모두 얼어붙는다. 실험과 관련된 서적을 많이 읽는다 해도 좀처럼 나아질 기미가 보이지 않는다.

그렇다면 과학 연구는 열정만으로 할 수 있는 일이 아니란 말인가? 과학이 이룬 엄청난 발전과 성과는 과학자들이 너무 천재적이라 그럴 수 있었단 말인가? 나는 도대체 무엇을 제대로 알고 실험실에 들어갔단 말인가?

자신만만했던 대학교 시절과 달리 대학원에 들어와서 많은 좌절을 겪는다. 실험에 대한 감이 없다는 이야기도 곧잘 듣는다. 손이 서툴러서 문제가 되기도 하지만 그보다는 실험을 통해 지식을 생산하는 방식에 적응하지 못하는 경우가 대부분이다. 왜 그럴까? 강의실과 실험실의 교육 목적이 확연히 다르다는 데서 한 가지 이유를 찾을 수 있다. 대학교를 졸업할 때까지 거의 20년 가까이 이미 알려진 지식을 요약하고 구조화하는 데 헌신했다. 이러한 까닭에 지식의 생산 방식에 적응하는 데 어려움을 겪는 것은 어쩌면 당연한 일인지도 모른다. 지식의 소비자에서 생산자의 위치로 옮겨가는 것은 그만큼 어렵고 힘든 일이다.

더욱이 실험실에서 다루는 지식의 성격은 그동안 접했던 지식과는 사뭇 다르다. 언어나 문자로 명쾌하게 표현되는 '명시적 지식explicit knowledge'뿐만 아니라 말과 글로 표현되지 않고 경험과 훈련 속에서 은연중에 익히고 체화되거나 내면화되는 '암묵적 지식tacit knowledge'도 많이 다루어지고 있다. 자전거 타는 방법을 누군가에게 설명한다고 상상해보면 암묵적 지식이 무엇을 뜻하는지 금방 와닿을 것이다. 그러다 보니 딱 부러지게 설명하기가 어려운 것은 당연하다. 더군다나 과학자들은 본인이 하는 일을 의식하는 데 시간과 노력을 들이는 것을 그다지 좋아하지 않는다.

이런 상황은 1960년에 노벨 생리의학상을 받은 피터 메더워(Peter Medawar, 1915~1987)가 60년 전에 했던 말에서 잘 드러난다. 메더워는 다음과 같은 말로 정곡을 찔렀다.

"과학자에게 과학적 방법이 무엇인지 물어본다면 그 과학자는 엄숙하면서도 찔리는 표정을 지을 것이다. 엄숙한 표정은 뭔가 의견을 말해야 한다고 느끼기 때문이고, 찔리는 표정은 말할 의견이 없다는 사실을 어떻게 숨길까를 고민하기 때문이다."

당황스러운 일은 여기서 그치지 않는다. 기대와 달리 실험실에서는 기발하고 획기적이라고 자신했던 아이디어를 말하면 여지없이 제약이 가해진다. 그것도 모자라 특정 방식으로만 생각하고 행동하라고 강요한다. 자료 수집도 특별한 방식으로 해야 하고 실험도 정해진 방법에 따라야만 한다. 놀랍게도 실험실에서는 참과 거짓을 분명히 구분해야 하는 과학 이론에 대해 해당 분야 전문가들의 합의consensus를 중요하게 생각한다.

어떤 경우에는 해당 연구 분야에서 대가(흔히 실험실에서는 빅 가이 big guy라고 부른다)로 추앙받는 과학자의 이론을 신성불가침의 영역으로 여긴다. 에밀 뒤르켐(Émile Durkheim, 1858~1917)이 말했듯, '대가'는 일종의 '토템'으로 학문 집단을 상징하는 신성한 존재이다. 과학에서 원시종교의 모습마저 보이는 것이다. 그렇다면 과학자는 실험실이라는 제한된 공간에서 썩 자유롭지도 창의적이지도 논리적이지도 않은 방식으로 과학 연구를 하는 것이다.

가히 충격적이다. 상상도 못 했던 충격 속에서 고민이 깊어질 수밖에 없다. 원래 실험실은 그런 곳인가? 원래 과학 연구는 그렇게 하는 것인가? 그렇다면 어떻게 해야 하나? 어떻게 해야 잘할 수 있나? 막막하고도 어려운 질문이다. 이럴 때 언제든 되묻는 질문이 있다. 어디서부터 어떻게 해야 할지 막막할 때 던지는 질문이다. 새롭게 시작할 때나 되돌아볼 때도 늘 마주치는 질문이기도 하다.

"실험실은 나에게 어떤 의미를 지닌 공간인가?"

실험실은 지식을 생산하고 확장하는 공간이다. 그런 지식이 유통될 때 비로소 실험실은 의미를 지닌 공간이 된다. 그렇다면 어떻게 지식을 유통시킬 수 있나? 현대 과학에서 지식을 전파하고 확산하는 가장 강력한 방식은 바로 전문 학술지에 논문을 싣는 것이다. 따라서 한 연구의 일차적인 최종 종착지는 논문이 된다. 논문을 낼 때까지 연구는 끝나도 끝난 것이 아니다. 뿐만 아니라 논문은 과학자의 정체성을 결정한다. 거기에 더해 요즘은 출세와 성공까지도 보장한다.

과학계는 그 어느 영역보다 실력을 중심에 두는 보편주의 또는 합리주의적 특성이 강하게 나타난다. 그렇기에 과학자에게 논문은 말이 필요 없을 만큼 중요한 의미를 지닌다. 따라서 논문은 실제 실험실에서 이루어지는 과학 활동을 이해하는 데 매우 중요한 도구가 될 수 있다. 그러나 정작 논문에 관해 얼마나 알고 있느냐를 물어보면 엄숙하면서도 찔리는 표정을 지을 수밖에 없다. 논문이 실험실 교육의 정점을 차지하고 있지만 정작 논문이 무엇인지에 관한 이해는 상대적으로 소홀히 해왔다. 논문에 어떤 내용을 담고 어떻게 쓸지에 관해서는 대단히 중요하게 다루면서도 말이다.

의생명과학

'의생명과학biomedical science'을 어떻게 정의할 수 있을까? 의생명과학은 어떻게 탄생해서 발전해왔을까? 이러한 질문은 상당히 중요하지만 책 한두 권 분량으로 쉽게 정리할 수 있는 문제가 아닐 정도로 복잡하다. 또한 이 책이 다루는 주제에서도 약간 벗어난다. 뿐만 아니라 우리나라의 경우 의과대학의 기초의학과 자연과학대학의 생명계열 학과의 경계가 제도적으로 뚜렷이 나누어져 있는 문제도 있다. 그렇기에 여기에서는 의생명과학이 무엇인지에 관해 간략하게 정리하는 것으로 넘어가기로 한다.

의학을 뜻하는 'medicine'에 비해 생물학을 뜻하는 'biology'는 비교적 최근에 등장한 용어이다.[1] 장바티스트 라마르크(Jean-Baptiste Lamarck, 1744~1829)는 '생물학'이란 용어를 처음 사용한 과학자라 할 수 있다. 카를 폰 린네(Carl von Linné, 1707~1778)의 분류에 따라 동물계와 식물계로 구분되었던 체계를 라마르크는 생물계라는 하나의 체계로 통합했고 당시 보편적이었던 동물, 식물, 광물의 구분을 생물계와 무생물계로 재편했다.

이러한 라마르크의 노력으로 생물학은 독립적인 분과 학문으로 자리 잡을 수 있었다. 그는 또한 생물학이 단순히 표본을 수집하고 분류해서 이름을 붙이는 작업에 그쳐서는 안 되며 생물의 발생과 발전 규칙과 같은 내부 관계를 연구해야 한다고 생각했다.[2] 즉 단순히 생명현상을 구제saving하는 데 그치는 것이 아니라 이를 설명할 수 있는 기전을 연구해야 한다는 것이었다.

의학과 생물학의 영역은 연구의 대상이나 지식의 측면에서 서로 뚜렷하게 구분되지 않는다. 하지만 언어적인 측면에서 보았을 때, 19세기에는 두 용어가 구분되었지만 20세기에 접어들어 다시 하나로 합쳐졌다. 생물학을 기반으로 하는 의학, 바로 '생의학biomedicine'이다. 생의학이라는 용어는 두 차례 세계대전을 치르는 동안 등장했고 제2차 세

1 Charen & Header. The etymology of medicine. Bull Med Libr Assoc. (1951) 39, 216-221; Stafleu Frans A. Lamarck: The birth of biology. Taxon. (1971) 20, 397-442

2 쑨이린 지음, 송은진 옮김. 『생물학의 역사』. 더숲. (2012) pp.12-13

계대전 이후 본격적으로 사용되기 시작했다. 생의학에서 과학적 측면을 강조하면 '의생명과학'이라 할 수 있다. 이 책에서는 의생명과학을 '의학적으로 의미 있는 현상에 대해 생물학적 기전을 밝히는 과학'이라고 정의하고자 한다.

하지만 생의학이 무엇인지 정확하고 정교하게 정의하기란 무척 어렵다. 왜냐하면 시대에 따라 그 의미가 달랐을 뿐만 아니라 나라마다 조금씩 다른 의미로 사용하기 때문이다. 또한 의학의 분과 학문별로도 생의학의 출현 정도가 달랐다. 예를 들면 여느 분과와 달리 혈액학, 내분비학, 종양학의 경우 비교적 빠른 속도로 생물학과 융합이 일어났다. 뿐만 아니라 넓은 의미에서 볼 때 오늘날과 같은 건강 지향적 소비문화의 시대에서 오히려 생의학이 아닌 학문이 어떤 것이 있을까라는 궁금증이 들 정도이다.

흥미롭게도 토머스 헌트 모건(Thomas Hunt Morgan, 1866~1945)은 자칫 노벨상을 받지 못할 뻔했다. 유전 현상에서 염색체의 역할에 관한 연구 업적은 인정받았지만 유전학 분야가 생리학에도 의학에도 속하지 않는다는 이유로 노벨상 평가위원회는 한때 그를 노벨 생리의학상 수상 후보에서 제외했기 때문이다. 그래도 시간이 흘러 1933년에 노벨 생리의학상을 받기는 했다. 이러한 사례를 보더라도 학문의 역사와 그에 대한 인식의 틀은 그렇게 간단히 다룰 주제가 아님을 알 수 있다.

생물학과 생의학이라는 용어가 등장한 것은 비교적 최근이지만 의학과 생물학의 만남은 의학의 역사만큼이나 오래되었다.[3] 알크메온

● ● ●

3 Quirke & Gaudillière. The era of biomedicine: science, medicine, and public health in Britain and France after the Second World War. Med Hist. (2008) 52, 441-452

(Alcmaeon, 기원전 6세기~기원전 5세기)을 비롯한 일부 고대 그리스의 철학자들은 동물을 생체해부vivisection하여 해부학과 생리학 지식을 쌓았다.[4] 로마시대의 클라우디우스 갈레누스(Claudius Galenus, 129~200)는 의학의 아버지 히포크라테스(Hippocrates, 기원전 460~기원전 370)의 의학 체계와 자신의 동물 실험 결과를 토대로 고대 의학이론을 집대성했다. 이런 면에서 볼 때, 의생명과학의 역사는 고대 그리스시대까지 충분히 거슬러 올라간다고 말할 수 있다.

히포크라테스는 자연적 원인으로 병이 생긴다고 보았다. 그 원인은 바로 우리 몸을 구성하는 체액의 불균형이었다. 그의 이론에 따라 한동안 의사의 역할은 체액의 균형을 바로잡아주는 것이었고, 그 방법 중의 하나가 약용 식물을 섭취하는 요법이었다. 따라서 식물학은 오랜 기간 의학의 한 영역으로 발전했고 의학과 자연사 전통의 접점을 이루었다. 또한 화학은 연금술이나 자연철학과 더불어 의화학iatrochemistry의 전통과 연결되어 발전하기도 했다. 이는 근대 유럽에서 저명한 의대 교수 또는 의사들이 식물학이나 화학을 강의했고 연구에도 힘썼다는 점에서 잘 드러난다.[5]

• • •

4 Franco NH. Animal experiments in biomedical research: a historical perspective. Animals (Basel). (2013) 3, 238-273

5 Jablokow VR. Carl von Linne. Can Med Assoc J. (1956) 74, 1009-1010; ElMaghawry et al., The discovery of pulmonary circulation: From Imhotep to William Harvey. Glob Cardiol Sci Pract. (2014) 2014, 103-116; Charlton A. Medicinal uses of tobacco in history. J R Soc Med. (2004) 97, 292-296; Chang KM. Communications of Chemical Knowledge: Georg Ernst Stahl and the Chemists at the French Academy of Sciences in the First Half of the Eighteenth Century. Osiris. (2014) 29, 135-157; Lindeboom GA. Herman Boerhaave (1668-1738). Teacher of all Europe. JAMA. (1968) 206, 2297-2301; Hull G. The influence of Herman Boerhaave. J R Soc Med. (1997) 90, 512-514

예를 들면 앞에서 소개한 분류학의 아버지 린네는 식물학자로 잘 알려졌지만 실제로 그는 의사였다. 안드레아 체살피노(Andrea Cesalpino, 1519~1603)는 의학 교수이면서 식물학을 연구했고, 렘베르트 도둔스(Rembert Dodoens, 1517~1585)도 의학 교수이면서 식물학을 가르쳤다. 게오르크 에른스트 슈탈(Georg Ernst Stahl, 1659~1734)은 의학 교수이면서 화학을 강의했다. 18세기 임상의학 교육을 혁신하며 유럽 의사의 절반 이상을 가르친 레이덴 대학의 헤르만 부르하버(Herman Boerhaave, 1668~1738)도 식물학과 화학 교수를 겸했다.

19세기에 접어들자 생리학과 미생물학이 발전하면서 의학과 생물학의 융합에도 큰 진전이 있었다. 이는 치유 공간인 병원과 실험 공간인 실험실의 긴밀한 상호작용을 의미하는 것이기도 했다. 제2차 세계대전 중 페니실린을 개발하기 위해 생물학자, 임상의사, 기업가가 협력한 것은 생의학 발전에서 중요한 전환점의 하나로 꼽을 수 있다. 제2차 세계대전이 끝난 뒤 의학과 생물학의 융합이 본격적으로 일어나면서 질병과 생명현상 인식의 분자화molecularization나 모형 기반의 연구와 같은 두드러진 특징들이 나타났다.

21세기에 들어서 의학과 생물학의 만남은 새로운 전기를 맞이하고 있다. 바로 정밀의학precision medicine의 출현 때문이다. 이는 생체분자 지표를 토대로 질병을 진단하고 최적의 치료 방법을 선택하는 개인맞춤 의학의 시대가 본격적으로 열렸음을 의미한다. 이러한 흐름은 현재 종양학 분야에서 가장 두각을 보이고 있다. 일부 암의 경우 이미 병원에서 유전자 변이를 토대로 암을 진단하고 분류하며, 그에 따라 최적의 치료 방법을 선택하여 환자를 치료하기 시작했다. 연구와 치료의 긴밀한 동맹이 현실화된 것이다.

이러한 의생명과학의 질주와는 별개로 의학과 생물학의 만남에는 여전히 근본적인 고민이 존재한다. 존재론적 또는 인식론적 수준에서 의학은 과연 생물학으로 환원될 수 있는가? 의학을 생물학적 용어만으로 설명할 수 있는가? 이는 19세기에 제기된 고민과 궤를 같이한다. 병리학은 생리학으로 환원될 수 있는가? 당시 질병의 장소는 세포라는 세포병리학을 주창한 루돌프 피르호(Rudolf Virchow, 1821~1902)는 생리학적 개념과 용어로 병리학을 설명하는 것이 여의치 않자 병태생리학pathological physiology이라는 개념을 새롭게 고안하기도 했다.[6,7]

마지막으로 의생명과학 분야 가운데 눈에 띄는 특징을 하나만 소개하면 이론이나 법칙을 세우기가 어렵다는 것이다. 의생명과학은 보편적이거나 일반적인 것보다 개별 사례를 다루는 경우가 많으며, 모형을 세워 복잡한 현상을 단순화하여 설명하지만 맥락적이거나 특정 조건에 특이적 경우가 흔하다. 그래서 데이터 과학적 측면에서 의생명과학 연구를 진행하면 학문적 전통이 다른 물리수학자와 의생명과학자 사이에서 문화적 충돌이 종종 일어나기도 한다.[8]

● ● ●

6 Keating & Cambrosio. Does biomedicine entail the successful reduction of pathology to biology? Perspect Biol Med. (2004) 47, 357-371.

7 이러한 고민은 조르주 캉길렘(Georges Canguilhem, 1904~1995)의 『정상인 것과 병리적인 것Le normal et le pathologique』에서도 여실히 드러난다.

8 Keller EF. A clash of two cultures. Nature. (2007) 445, 603; Enquist & Stark. Follow Thompson's map to turn biology from a science into a Science. Nature. (2007) 446, 611

책의 구성

이 책에서는 논문이라는 창으로 과학, 특히 의생명과학을 한번 바라보고자 했다. 그렇지만 쟁점을 드러내고 다투기보다 관점과 맥락을 파악하고자 노력했다. 또한 '왜'나 '어떻게'에 대한 직접적인 답변이나 해결책을 제시하기보다 오히려 어떤 생각들을 해볼 수 있는지, 풀어야 할 문제가 무엇인지, 무엇을 놓치고 있는지를 떠올리는 데 초점을 맞추고자 했다. 이 책을 통해 논문과 관련된 다양한 담론들이 실험실 현장에서 다루어지기를 희망해본다.

이 책은 논문 작성에 관한 기술적 매뉴얼이 아니라는 점을 강조하고 싶다. 논문이라는 소재를 바탕으로 과학자들이 매일 마주하는 현실태로서의 연구를 들추어봄으로써 "연구란 무엇인가?"라는 질문에 본질적으로 접근하려고 했다. 이러한 과정에서 과학자가 자신이 하는 일에 대해 다시 한번 성찰적으로 바라볼 수 있는 계기가 마련되었으면 한다.

이 책은 크게 네 부분으로 나누어 의생명과학 분야의 논문에 관해 살펴보고 있다. '오늘날 논문의 의미', '과학 학술지의 탄생을 둘러싼 배경', '논문을 바라보는 여러 가지 시선', 그리고 '논문 이면에 숨겨진 고민의 흔적들'에 대해서이다. 이는 차례의 '오늘날의 논문', '과학 학술지의 탄생', '여러 갈래 길', '숨은 고민들'에 대응된다.

먼저 '오늘날의 논문'은, 논문이 지닌 의미에 대해 몇 가지 측면에서 바라보았다. 그런 다음 요즘 논문은 어떤 형식을 띠고 있는지, 그리고 어떤 내용을 담고 있는지에 대해 간략하게 정리했다. 이후의 주제와 내용은 주로 이 첫 번째 주제와 관련된 여러 배경이나 사례에 해당하는 내용이다.

두 번째로 '과학 학술지의 탄생'은, 지식의 역사에서 과학 논문이 차지하는 위치는 어떻게 될까라는 질문에서 시작했다. 따라서 간략하게나마 역사적인 시각에서 과학 논문을 바라보고자 했다. 물론 이러한 고민이 실험을 하고 논문을 쓰는 데 직접적인 도움을 주는 것은 아니다. 하지만 한번쯤 생각해본다면 논문의 의미가 새롭게 다가오지 않을까 생각한다. 그런 면에서 볼 때 이 부분은 과학 논문을 바라보는 여러 가지 시선과 맞닿아 있다. 뿐만 아니라 논문의 형식이라는 측면에서 논문 작성의 이론적 이해라는 문제와도 교차된다.

세 번째로 '여러 갈래 길'은, 어떤 논문을 쓸 것인가에 대한 고민에서 시작했다. 여러 가지 사례를 통해 과학 논문과 관련된 담론들을 보여주고자 했다. '영향력지수'라는 블랙홀 속에 모든 담론이 매몰되고 있지만 그게 전부가 아님을, 나아가 그 이상의 의미도 생각해볼 수 있다는 점을 말하고 싶었다. 이는 과학자 개인의 세계관이나 가치관 문제와도 연결되며 현실과 이상을 둘러싼 과학자의 고뇌와도 마주한다. 물론 이는 옳고 그름의 문제가 아니라 선택의 문제로 귀결된다.

마지막으로 '숨은 고민들'은, 논문을 쓰면서 흔히 마주하는 고민거리에서 출발했다. 그렇다고 논문 작성에 관한 구체적인 요령을 정리한 것은 아니다. 이와 관련하여 이미 많은 서적들이 나와 있기도 하다. 대신 여기서는 논문 작성이 어려운 이유와 정해진 작성 형식 이면의 이론적 배경에 관해 소개하고자 했다. 과학자는 흔히 실험하는 사람이라는 인상이 강하지만, 이 마지막 부분에서 과학자는 자신의 생각을 주장하는 사람이라는 점을 강조하고 싶었다. 이로써 과학자의 핵심 역량을 달리 보는 계기가 되기를 기대하면서 말이다.

이 책은 새로운 과학 지식 유통에 핵심적인 역할을 하는 원저original article, 즉 직접 연구를 해서 얻은 결과를 바탕으로 작성된 논문을 주로 다루었다. 그것도 대부분 실험방법론을 사용하는 의생명과학 분야에 국한했다. 과학 전체를 아우르기에는 나의 역량이 부족하기 때문이다. 따라서 이 책을 계기로 다양한 분야에서 논문과 관련하여 여러 쟁점들이 부각되어 재해석하려는 시도가 일어나기를 희망한다. 또한 논문에 관한 다양한 고민의 출발점이 되었으면 한다. 등장인물들이 많아 이공계열 전공 독자들은 좀 불편함을 느끼겠지만 그리 신경 쓰지 않고 읽어도 괜찮다. 다만 관심 있는 독자에게는 지식을 확장하는 데 좋은 출발점이 될 것이다.

I.

오늘날의 논문

"논문이란 무엇일까? 그리고 나에게 논문은 어떤 의미일까?"

이런 질문을 받는다면 의생명과학을 포함하여 이공계 분야의 대학원생이라면 학위 논문을 먼저 떠올리지는 않을 것이다. 석사나 박사학위를 받으려면 반드시 작성해야 하는 학위 논문이 중요하지 않을 리 없다. 특히 오랜 시간과 노력의 결실인 박사학위 논문이라면 더욱 그렇다.

그럼에도 대부분의 대학원생들은 일반적으로 논문이라면 학위 논문이 아닌 전문 학술지에 싣는 연구 논문을 먼저 떠올릴 것이다. 특히 우리나라에서는 말이다. 왜 그럴까? 학위 논문 심사를 통과하는 것이 대학원생 개인의 성취와 실험실 교육의 정점을 차지하는 데도 말이다.

이 문제는 전문 학술지 논문을 둘러싼 특수한 상황을 반영하고 있다. 먼저 상당수의 대학원에서는 학위 논문 심사를 받기 위한 필요조건으로 전문 학술지에 논문을 게재할 것을 요구하고 있다. 그러다 보니 학위 논문은 이미 발표된 전문 학술지 논문들을 묶어서 정리하는 의미가 강해졌다. 한편, 전문 학술지 논문은 경력을 증명하고 직업을 얻기 위한 강력한 수단으로 활용된다. 대부분의 취업 심사에서 학위 논문을 중요하게 평가하지 않는다. 대신 영향력 높은 전문 학술지에 몇 편의 논문을 실었는지가 제일 중요한 평가 기준이 되고 있다.

이에 따라 학위 논문의 의미는 많이 퇴색되고, 전문 학술지 논문에 대한 관심은 무척 커졌다. 이 책에서도 물론 학위 논문은 다루지 않는다. 전문 학술지 논문이 출세와 성공의 수단이라는 도구적 의미가 강해지는 만큼 새로운 지식의 유통과 공유라는 의미는 점점 퇴색되고 있다. 세계를 이해하고 사회를 바꾸어가는 데 자신의 전문 학술지 논문이 미약하나마 기여하고 있다는 생각도 필요함에도 말이다. 또한 과학자들이 생각하는 것보다 훨씬 더 중요하고 고귀한 일을 하고 있음에도 말이다.

지식의 유통과 공유라는 측면에서 전문 학술지 논문은 학위 논문보다 훨씬 더 중요한 의미를 지닌다. 먼저, 상대적으로 분량이 적은 전문 학술지 논문은 지식의 순환 속도와 지식 유통의 효율성이 매우 높다. 훨씬 편하고 빠르게 논문을 접할 수 있기 때문이다. 과학 영역이 전문화, 세분화되고 과학자 수가 늘어나는 만큼 발표되는 논문의 수도 늘어나면서 논문의 형식적인 면이 중요해졌는데, 분량이 적고 형식이 구조화된 전문 학술지 논문은 이러한 요구에 잘 맞춰가고 있다.

이 책의 첫 부분인 '오늘날의 논문'에서는 중요하지만 흔히 잊고 지내는 연구 결과의 발표에 대한 문제를 다룬다. 여기서는 출세의 수단이 아닌, 지적 기여의 측면에서 논문의 의미를 짚어보고자 한다. 그런 다음 오늘날 전문 학술지 논문의 구조화된 형식과 작성 요령에 관해 정리한다. 주로 논문이 어떤 내용을 담고 있는지, 어떻게 써야 하는지에 대한 간략한 설명이다. 이를 둘러싼 여러 관점과 맥락 그리고 쟁점들이 이 책에서 다룰 내용이라고 생각하면 될 것이다.

01 발표의 의미

오늘날 대부분의 과학 연구는 기본적으로 발표를 전제로 한다. 발표되지 않으면 영향력을 발휘할 수 없다. 패러다임을 전환한 연구라고 해서 세상과 단절한 채 깊은 산속이나 외딴 섬에서 홀로 독창적인 발견이나 이론을 고안한 것은 전혀 아니다. 어떤 위대한 연구도 이미 발표된 다른 연구 결과로부터 영향을 받았기 때문에 가능했다.

찰스 다윈(Charles Darwin, 1809~1882)은 비글호를 타고 항해하면서 다양한 생물들을 관찰했지만 다른 학자의 연구 결과를 참고하지 않았더라면 『종의 기원On the Origin of Species』은 탄생하지 못했을 것이다. 다윈의 위대한 업적은 찰스 라이엘(Charles Lyell, 1797~1875)의 『지질학 원리The Principles of Geology』, 장바티스트 라마르크(Jean-Baptiste Lamarck, 1744~1829)의 『동물철학Philosophie Zoologique』, 토머스 맬서스(Thomas Malthus, 1766~1834)의 『인

구론An Essay on the Principle of Population』 등에서 큰 영향을 받았다.

DNA의 이중나선 구조를 제안한 제임스 왓슨(James Watson, 1928~)과 프랜시스 크릭(Francis Crick, 1916~2004)의 논문도 예외는 아니었다. 그들은 알파케라틴이라는 단백질의 나선 구조를 제안한 라이너스 폴링(Linus Pauling, 1901~1994)에게서 커다란 영감을 얻었다. 과학자는 흔히 고독한 천재의 이미지로 묘사되지만 실상은 그렇지 않다. 성격이 내성적일 수는 있어도 다른 과학자와의 교류 없이 고립되어 연구하는 것은 불가능하다. 과학 연구도 일종의 사회적 활동이다. 임상적 의미와 중요성을 비중 있게 다루는 의생명과학 연구는 더욱 그렇다.

따라서 연구 결과의 발표가 얼마나 중요한가라는 질문에 대한 답은 너무나 뻔하다. 연구 결과를 발표하지 않는다는 것은 곧 지식 유통의 단절을 의미한다. 지적 기여를 전혀 못 한다는 말이다. 그렇기에 일찍이 프랜시스 베이컨(Francis Bacon, 1561~1626)은 자신의 연구 결과를 발표하지 않는 연금술사의 태도를 맹렬히 비판하기도 했다. 연구 결과 발표의 중요성은 레오나르도 다빈치(Leonardo da Vinci, 1452~1519)의 해부학 연구에서도 잘 드러난다.

레오나르도는 피렌체의 산타 마리아 누오바Santa Maria Nuova 병원과 로마의 산토 스피리토Santo Spirito 병원에서 인체 해부 연구에 참여했다.[1] 이어 1510년과 1511년에 밀라노의 파비아 대학교 의대 교수 마르칸토니오 델라 토레(Marcantonio della Torre, 1481~1511)와 함께 연구한 결과를 해부학 책으로 내려고 했다. 하지만 토레가 서른 살의 나이에 역병으

● ● ●

1 Jastifer & Toledo-Pereyra. Leonardo da Vinci's foot: historical evidence of concept. J Invest Surg. (2012) 25, 281-285

로 갑자기 세상을 떠나면서 레오나르도와 토레의 해부학 연구는 끝내 책으로 발표되지 못했다.[2]

레오나르도가 남긴 5000쪽에 이르는 노트 중 190쪽가량이 정교한 해부학 도면이다.[3] 하지만 그의 해부학 노트마저도 살아생전 세상에 빛을 보지 못했다. 물론 그렇게 된 데에는 그가 라틴어를 몰랐던 것도 한몫했다. 언어라는 문화 자본이 부족하여 지식사회에 쉽게 편입되지 못했기 때문이다. 그가 세상을 떠난 지 200년이 훨씬 지난 뒤에야 당대 최고의 해부학자 윌리엄 헌터(William Hunter, 1718~1783)가 비로소 그의 해부도를 영국 윈저성에서 발견했다. 헌터가 "레오나르도야말로 당대 최고의 해부학자였다"라고 자신의 강의록에 소감을 남길 만큼 레오나르도의 해부학은 뛰어났다.

하지만 안타깝게도 레오나르도의 노력은 당대 해부학의 발전에 전혀 영향을 주지 못했다. 그의 해부학 연구 결과가 세상에 발표되었더라면 레오나르도는 안드레아스 베살리우스(Andreas Vesalius, 1514~1564)를 대신하여 해부학의 아버지나 선구자라는 칭호를 얻게 되었을지도 모른다. 이렇듯 연구 결과가 매우 중요하더라도 발표되지 않으면 다른 과학자에게 전혀 영향을 줄 수 없고, 따라서 과학 발전에도 기여할 수 없다. 구슬이 서 말이라도 꿰어야 보배다.

현대적 외과 수술을 가능하게 한 마취제의 발견은 왜 발표가 중요한지를 보여주는 또 다른 사례이다. 1846년 10월 16일 매사추세츠 종

2 Jones R. Leonardo da Vinci: anatomist. Br J Gen Pract. (2012) 62, 319

3 Keele KD. Leonardo da Vinci, and the movement of the heart. Proc R Soc Med. (1951) 44, 209-213

합병원의 수술 극장에서 외과 수술이 공개적으로 시연되었다. 20세 청년 에드워드 애벗(Edward Abbott, 1825~1855)의 목에 있는 종양을 제거하는 수술이었다. 이 수술이 유명해진 이유는 윌리엄 모턴(William Morton, 1819~1868)이 에테르로 전신마취에 성공했기 때문이다. 외과의사 존 워런(John Warren, 1778~1856)은 수술을 간단히 마쳤고 마취에서 깨어난 애벗은 어떤 통증도 느끼지 못했다고 진술했다. 외과의사 헨리 비글로(Henry Bigelow, 1818~1890)는 이 극적인 수술 결과를 1846년 11월 18일 <보스턴 내과외과 학술지Boston Medical and Surgical Journal>에 게재했다.[4] 이 논문으로 최초의 마취제 사용에 대한 공은 모턴에게 돌아갔다.

하지만 실제로 에테르를 최초로 외과 수술에 사용한 의사는 크로퍼드 롱(Crawford Long, 1815~1878)이었다. 그는 1842년 모턴보다 훨씬 더 꼼꼼하고 과학적인 방식으로 에테르의 마취 효과를 확인했다.[5] 하지만 그는 발표를 미루다가 비글로보다 3년 늦은 1849년에야 자신의 마취 논문을 <남부 내과외과 학술지The Southern Medical and Surgical Journal>에 실은 탓에 우선권의 영예를 제대로 누리지 못하고 말았다.

이런 예에서 알 수 있듯 연구 결과의 발표는 지식의 유통과 우선권 선점 등에서 매우 중요한 의미를 지닌다. 그렇다면 요즘 과학자들은 어떻게 연구 결과를 발표할까? 대부분 학술지에 연구 논문을 싣는 방식으로 자신의 연구 결과를 발표한다. 다시 그렇다면 언제부터 연구 결과를 발표하기 시작했을까? 과학혁명이 일어난 16, 17세기를 지나면

● ● ●

4 Bigelow HJ. Insensibility during Surgical Operations Produced by Inhalation. Boston Med Surg J. (1846) 35, 309-317

5 Hammonds & Steinhaus. Crawford W. Long: pioneer physician in anesthesia. J Clin Anesth. (1993) 5, 163-167

서 과학자들은 주로 두 가지 소통방식으로 서로의 과학적 발견을 공유했다. 하나는 서적이고, 다른 하나는 편지이다. 서적은 한 과학자 일생의 업적을 모은 '대작magnum opus'인 경우가 많았다. 반면, 편지는 최근에 얻은 연구 결과를 빨리 알리고 우선권을 확보하기 위해 많이 활용되었다.

현대 과학 초기까지 많은 과학자들은 학술지에 논문을 게재하기보다 서적 출판으로 자신의 연구 결과를 발표했다. 찰스 다윈의 『종의 기원』과 같은 서적이 대표적인 예이다. 자신의 연구 결과를 서적으로 발표할 때까지 다윈은 하나의 연구 주제에 20년 이상의 시간을 쏟아부었다. 이렇듯 서적의 형태로 연구 결과를 출판할 경우 연구의 완성도를 크게 높일 수 있다. 하지만 시간적인 측면에서 봤을 때 지식의 순환에 제약이 생길 수밖에 없다.

이제는 석사나 박사 학위논문을 제외하면 자신의 연구 결과를 서적 형태로 발표하는 과학자는 찾아보기 어렵다. 요즘 출간되는 과학 서적은 교과서가 아니면 최신 발견을 정리한 전문서적이거나 과학 지식을 쉽게 풀어쓴 교양서적이 대부분이다.

이러한 까닭에 요즘 과학자에게 자신의 연구 결과를 어떤 식으로 발표하느냐고 물어볼 필요도 없다. 너무나 당연해서 별다른 의문조차 들지 않는다. 정기적으로 발행되는 전문 학술지에 연구 논문을 게재하는 방식으로 연구 결과를 발표한다. 전문 학술지는 여러 저자들의 각각의 연구 논문들을 묶어서 정기적으로 출판한다.

오늘날 우리가 알고 있는 과학 논문은 16, 17세기에 자연철학자들이 서로 주고받은 편지에서 유래했다. 이 시기는 '지식 공화국' 또는 '학식

공화국Respublica literaria'이라 불렸던 시대로, 편지로 지식을 교환하면서 국경을 초월하여 학문 공동체에 대한 소속감을 보였다. 과학자 수가 늘어나고 편지 교환과 회람이 활발해지면서 편지는 학술지 논문의 성격을 띠게 되었다. 따라서 편지는 과학자들의 지식 공유 네트워크 형성에 중요한 매체였다. 지금도 여전히 「Letters to the Editor」나 〈FEBS Letters〉나 〈Cancer Letters〉처럼 학술지의 섹션이나 학술지의 이름 등에서 편지의 흔적을 찾아볼 수 있다.

전문 학술지는 서적 출판에 비해 짧은 시간에 적은 분량으로 연구 결과를 발표할 수 있는 기회의 장이다. 따라서 전문 학술지의 등장은 지식의 순환과 공유 속도가 전례 없이 빨라졌음을 의미한다. 다만 전문 학술지에 게재되는 논문 한 편만으로는 연구의 완성도를 높이는 데 한계가 있다. 그렇기에 과학자들은 자신이 풀고 싶은 문제를 놓고 장기간 또는 평생에 걸쳐 연구를 진행하면서 여러 편의 논문을 순차적으로 발표하여 완성도를 높여 간다. 따라서 각각의 논문은 자신의 이론이나 주장을 구체적이고 명료하게 세워 나가는 하나하나의 사례에 해당된다.

논문 작성에 규칙이 없다면, 즉 구조화된 형식이 없다면 지식의 유통은 효율적으로 이루어지지 않을 것이다. 전체를 다 읽지 않고서는 내용 파악이 쉽지 않기 때문이다. 그런 면에서 볼 때 과학자와 전문 학술지의 수가 늘어나면서 과학 논문이 구조화된 형식을 띠게 된 것은 자연스러운 수순이었다. 다만 이러한 형식은 아주 오래전이 아니라 19세기 이후의 산물이다. 지금은 모든 전문 학술지에서 일정한 형식을 요구하고 있고, 과학자는 이 형식을 따라야만 자신의 연구 결과를 발표할 수 있게 되었다.

전문 학술지마다 세부 형식에서 약간의 차이를 보이지만 일반적으로 논문은 제목, 초록(요약문), 서론, 연구 방법, 결과, 고찰, 참고문헌 등의 순으로 구성된다. 그러므로 연구 주제나 질문이 아무리 창의적이라 해도 형식을 갖추지 않고 연구 논문을 자유자재로 쓸 수 있는 것은 아니다.

19세기 중반에 이르러 국제적 학술대회가 조직되면서 한 공간에 여러 연구자들이 모여 새로운 발견이나 연구 성과를 구두로 발표하고 공유하게 되었다. 1970년대에 이르러 학술대회에 참석하는 과학자의 수가 크게 늘어나면서 전통적인 방식의 구두 발표에 덧붙여 요즘 우리에게 친숙한 '요약 전시(또는 포스터 발표)'와 같은 새로운 형태가 등장했다. 현재 요약 전시는 상대적으로 격식에 너무 얽매이지 않으면서 과학자들의 학술적, 사회적 교제를 촉진하는 학술대회 속의 핵심 프로그램으로 정착했다.[6] 즉 공식적 자리 안에 비공식적 자리가 마련된 것이다.

여기서 강조할 부분이 하나 있다. 새로운 과학적 사실을 논문으로 발표한다고 해서 다른 과학자들이 이를 즉각적으로 수용하는 것은 아니라는 점이다. 특히 상대적으로 덜 알려진 연구자의 논문은 오랜 기간 동안 무시되는 사례가 과학사에서 종종 발견된다. 독일 쾰른의 예수회 김나지움에서 수학 교사로 재직하던 게오르크 옴(Georg Ohm, 1789~1854)은 전기 저항의 법칙을 발표했지만 독일의 대학들은 옴의 발표를 주목하지도

● ● ●

6 Erren & Bourne. Ten simple rules for a good poster presentation. PLoS Comput Biol. (2007) 3, e102; Sexton DL. Presentation of research findings: the poster session. Nurs Res. (1984) 33, 374-311; Ilic & Rowe. What is the evidence that poster presentations are effective in promoting knowledge transfer? A state of the art review. Health Info Libr J. (2013) 30, 4-12

받아들이지도 않았다. 아우구스티누스회 수도사였던 그레고어 멘델(Gregor Mendel, 1822~1884)의 유전학 연구 결과 역시 30여 년 동안 인정받지 못했다.

이그나즈 제멜바이스(Ignaz Philipp Semmelweis, 1818~1865)의 사례는 더욱 흥미롭다. 당시 병원에 입원한 산모의 20퍼센트가 아기를 낳은 후 산욕열puerperal fever에 걸려 죽어 나갔다. 제멜바이스는 의사들이 산욕열로 죽은 산모를 해부한 다음 손도 씻지 않은 채 바로 살아 있는 산모를 진찰하는 점을 포착하고, 염화석회수로 손을 씻으면 산모의 감염 위험이 크게 줄어든다는 사실을 알아냈다.

하지만 제멜바이스의 주장은 전혀 받아들여지지 않았다. 우선 그는 손을 씻으면 왜 산욕열이 줄어드는지에 대해 제대로 설명하지 못했다. 또한 당시는 눈에 보이지도 않을 만큼 작은 미생물이 병을 일으킬 수 있다는 생각을 전혀 하지 못했고, 주로 나쁜 공기나 독기miasma 때문에 전염병에 걸린다는 생각이 널리 퍼져 있었다. 그렇기에 제멜바이스의 사례는 옴이나 멘델의 사례와 조금 다른 증거력이나 패러다임의 수용과 관련된 문제라 할 수 있다.

여기서 과학자들이 일반적으로 지식을 대하고 수용하는 방식의 문제를 지적할 수 있다. 이런 과학계의 모습은 '진리의 세 단계the three stages of truth'라는 출처가 분명하지 않은 몇 가지 풍자에서 잘 엿볼 수 있다.[7] 새로운 발견은 처음에는 조롱거리가 되고, 그다음으로 격한 반발을 거친 뒤에 자명한 것으로 수용된다는 것이다. 달리 말하면, 과학

7 Shallit J. Science, pseudoscience, and the three stages of truth. Unpublished manuscript. (2005) https://cs.uwaterloo.ca/~shallit/Papers/stages.pdf

자는 새로운 발견에 대해 먼저 사실이 아닐 것이라는 반응을 보인다. 사실이라고 판명되면 그때는 중요하지 않다고 반응한다. 중요하다는 것까지 밝혀지면 이제 새로울 것이 없다는 이유로 비판한다. 이는 과학이 작동하는 방식이 생각보다 보수적이거나 폐쇄적일 수 있음을 일러주는 신랄한 풍자이다.

그렇다 해도 옴이나 멘델은 연구 결과를 발표했으므로 당장은 아니었지만 시간이 지난 후에 '옴의 법칙'이나 '멘델의 유전법칙'이라는 이름으로 그들이 이룬 과학적 성과와 업적에 대해 우선권의 영예가 돌아갈 수 있었다. 제멜바이스 또한 감염의 원인을 찾아내지는 못했지만 그의 선구자적 업적은 영원히 역사에 남게 되었다.

마지막으로 짚고 넘어갈 부분이 있다면 이제는 과학 지식이 과학계에 수용되려면 반드시 영어로 논문을 써야 한다는 점이다. 과학계는 세계화된 지 오래되었다. 대부분의 학술지들도 영어로 논문을 작성하는 것을 의무화하고 있고, 영어 논문이 아니면 실적으로 대부분 인정받지 못한다. 그렇기 때문에 연구 실력과 성과는 영어라는 언어 매체(일종의 문화 자본)를 통해 전달해야만 한다.

지금까지 살펴봤듯이 전문 학술지에 논문을 발표한다는 것은 새로운 지식의 유통과 발견의 우선권을 확보했다는 의미이다. 그렇다면 언제부터 과학자들은 전문 학술지에 논문을 투고하기 시작했을까? 질문을 더 확장해보면 지식의 유통 과정은 어떤 경로를 거치면서 발전했을까? 이런 질문은 잊고 지내던 실험실 생활의 의미를 새롭게 되새기는 계기를 제공할 수도 있지 않을까?

02 연구 논문의 작성

요즘은 논문을 쓸 때 실험을 수행했던 순서에 따라 있었던 일 그대로를 작성하지 않는다. 따라서 서사적으로 쓴 논문은 찾아볼 수 없다. 과학자와 논문 수가 폭발적으로 늘어나면서 이런 방식으로 작성된 논문에서는 정보 파악과 지식 습득이 쉽지 않고, 무엇보다도 'IMRAD 형식'이 거의 모든 의생명과학 전문 학술지의 표준으로 자리 잡았기 때문이다. IMRAD 형식이란 서론Introduction, 방법Methods, 결과Results 그리고And 고찰Discussion로 이루어진 논문 구조를 말한다.

IMRAD 형식이 하나의 표준으로 일반화되었다는 것은 무엇을 의미할까? 너무나 당연한 말이지만 의생명과학 분야의 대다수 과학자들이 이 형식을 수용할 만큼 거부감이 크지 않다는 뜻이다. 달리 말해, 과학자라면 누구나 공유하는 생각의 흐름이나 생각하는 방식이 IMRAD

형식으로 체계화, 구체화되었다고 볼 수 있다. 또한 정보 과잉에 따라 주의력이 떨어지는 것에 대한 반작용으로도 볼 수 있다. 논문 형식이 구조화되면서 정보에 대한 선별적 접근이 가능해지니까 말이다.

생각의 흐름이라는 것은 결국 훈련받은 과학자라면 누구나 공통적으로 제기하는 질문의 순서가 된다. 왜 이 연구를 하게 되었나? 어떻게 실험을 설계했나? 어떤 결과를 얻었나? 이 결과는 어떤 의미가 있는가? 이것들은 각각 서론, 방법, 결과, 고찰에 해당된다. 패러다임을 전환시키는 창의적 연구나 패러다임 안에서 퍼즐 풀이를 하는 연구 모두 IMRAD 형식에 따라 논문을 작성해야 한다는 점에서 별반 다르지 않다.

최근에는 IMRAD 이외에 다른 항목들도 논문 작성의 필수 요소로 채택되고 있다. 학술지마다 조금씩 차이가 있지만 논문 제목title, 저자author, 초록abstract, 핵심어keyword, 사사acknowledgement, 참고문헌reference 등이다. 그렇다면 이러한 형식에 어떤 내용을 담아야 할까? 이 질문 자체는 이 책이 다루려는 주제 범위에서 벗어난다. 하지만 이를 둘러싼 여러 관점과 맥락은 중요하므로 이 질문에 대해 원론적인 수준에서 간략하게 설명하면 다음과 같다.

논문 제목: 연구의 주제 또는 발견의 핵심을 가리킨다. 따라서 정확하고 구체적이며 논문 전체 내용을 잘 대변할 수 있어야 한다. 무엇보다도 간결해야 한다. 제목이 짧은 논문일수록 인용이 잘되는 경향을 보이기도 한다.[8]

제목은 논문 형식에서 그 어느 부분보다 중요하다고 할 수 있다. 논

8 Letchford et al. The advantage of short paper titles. R Soc Open Sci. (2015) 2, 150266

문을 검색할 때 일단 제목만 보고 그 논문을 읽을지 말지를 결정하는 경우가 많기 때문이다. 게다가 대부분의 전문가들은 제목을 읽고 판단하는 데 몇 초 이상을 투자하지 않는다. 학술지마다 선호하는 제목의 스타일이 있다. 학술지에 따라 제목을 완전한 문장으로 표현하든지, 주술관계가 없는 단순한 구로 표현하기도 한다.

논문 제목은 전문 학술지의 편집인, 논문 심사위원, 독자의 눈 모두를 사로잡을 수 있어야 한다. 주목을 끈다는 것은 무슨 뜻일까? 물론 제목이 화려하거나 감각적이어야 함을 말하는 것은 아니다. 해당 전공 분야의 미해결 문제나 돌파구와 잘 연결되어야 한다는 뜻이다. 한 가지 예를 들면 논문 제목에 원인과 결과 그리고 이 둘을 이어주는 기계적 원리, 즉 기전이 포함되는 경우가 흔하다. 원인은 주로 유전자나 단백질과 같은 생체분자나 물리화학적 또는 약리학적 자극과 같은 스트레스에 해당되고, 결과로는 생물학적, 병리학적 과정이나 치료 효과 등이 해당되는 경우가 많다.

저자: 오늘날 저자됨authorship은 연구 윤리뿐만 아니라 법률로도 규제하고 있는 문제이다. 국제의학학술지 편집인위원회International Committee of Medical Journal Editors, ICMJE의 권고안에 따르면 첫째, 연구 설계나 계획 구상에 기여하거나 데이터를 생산・분석・해석하고, 둘째, 논문을 작성하거나 수정하고, 셋째, 논문의 투고를 동의하고, 넷째, 문제가 생기면 책임을 지는 것과 같이 네 가지 조건을 모두 만족해야 저자의 자격이 되는 것으로 보고 있다.[9] 단순히 실험 재료만 제공했거나 전체 연구 과

9 IICMJE. Defining the Role of Authors and Contributors. http://www.icmje.org/recommendations/browse/roles-and-responsibilities/defining-the-role-of-authors-and-contributors.html

정에 대한 이해 없이 반복적으로 실험만 하는 연구원이라면 사사 부분에서 감사의 뜻을 표하면 된다.

그런데 오늘날처럼 한 논문에 저자가 여러 명 있다면 누구의 이름을 첫 번째로 올려야 할까? 전통적으로는 제일저자first author가 가장 큰 책임을 졌고 두 번째 저자부터는 기여도, 알파벳 또는 나이순으로 이름을 올렸다.[10] 하지만 신진 과학자에게 논문이 경력을 쌓고 출세하기 위한 수단으로 확고히 자리 잡으면서 연구에 대한 기여도와 저자의 순서는 오늘날 매우 민감한 문제가 되었다.

이제는 연구에 직접적으로 가장 큰 기여를 하면 제일저자가 되고, 순서상 가장 마지막 저자last author가 연구 전체를 책임지는 책임저자responsible author가 된다. 최근에는 대부분 책임저자가 직접 학술지의 편집인과 교신하므로 교신저자corresponding author를 겸하는 경우가 거의 대부분이다. 일반적으로 제일저자와 책임저자를 가리켜 주 저자lead author라고 한다.

기여한 바나 책임지는 바가 거의 같을 때는 공동 제일저자나 공동 책임저자로 이름을 올린다. 공동 제일저자와 공동 책임저자 논문이 늘어나는 것은 최근 의생명과학 분야 학술지에 나타나는 특징 중의 하나이다.[11] 이는 의생명과학 분야에서도 세부 전공이나 전문화가 이루어지면서 문제 해결을 위해 협력 연구가 반드시 필요한 현실을 반영하는 것이기도 하다.

● ● ●

10 Tscharntke et al. Author sequence and credit for contributions in multiauthored publications. PLoS Biol. (2007) 5, e18

11 Conte et al. Increased co-first authorships in biomedical and clinical publications: a call for recognition. FASEB J. (2013) 27, 3902-3904

저자됨과 저자 순서에 대한 다툼이 많아지자 최근 들어 저자의 역할이 무엇인지를 명시적으로 작성하도록 요구하는 학술지들이 늘어나고 있다. 주로 가설 도출, 실험 설계, 데이터 생산 및 분석, 데이터 해석, 원고 작성 등에서 어떤 역할을 했는지를 설명하게 되어 있다. 또한 원고 투고 단계나 최종 게재 승인 후 저자됨과 저자 순서에 모두 동의하는지를 확인하기 위해 모든 저자의 서명을 요구하는 학술지도 늘어나고 있다.

초록과 핵심어: 미국표준협회American National Standards Institute에 따르면 잘 작성된 초록은 원고의 내용이 무엇인지, 독자의 관심과 부합하는지, 그리고 논문 전체 내용을 굳이 읽어볼 필요가 있는지 등에 대해 독자가 빠르고 정확하게 알아차릴 수 있게끔 한 것이다. 즉 초록은 논문 전체의 압축판이다. 따라서 초록은 완전하고complete, 간결하며concise, 분명하게clear 작성해야 한다. 또한 단순히 서술적descriptive으로 쓰는 것이 아니라 확정적definitive으로 작성해야 한다. 다시 말해, 초록은 무엇에 대해 단순히 설명하는 것이 아니라 증명된 사실을 보여주는 것이다.

전통적인 초록은 한 문단paragraph으로 작성하는 것이 일반적이다. 단어 수는 학술지마다 조금씩 차이를 보이지만 대개 100~250 단어를 사용한다. 연구와 관련된 배경을 소개하고 아직까지 밝혀지지 않은 부분을 명시하는 것으로 시작해서 본 연구의 중요 발견을 요약하여 설명한 후 마지막으로 적절한 범위 안에서 연구 결과의 중요성과 의미를 강조한다. 일반적으로 잘 확립된 사실이나 이론적 근거는 보통 현재시제로 작성하는 반면, 본 연구에 사용한 실험 방법과 그로부터 얻은 결과는 주로 과거시제로 작성한다. 대부분의 학술지에는 초록 아래에 핵심어 4~8 단어를 제시하도록 하고 있다.

1990년대에 접어들면서 초록도 구조화된 형식을 채택하는 학술지들이 등장하기 시작했다. 일반적으로 구조화된 초록structured abstract은 배경background, 목적aims/objectives, 방법methods, 결과results, 결론conclusion과 같은 항목으로 단락을 나눈다. 이렇게 구조화된 초록은 전통적인 비구조화된 초록에 비해 가독성이 높고 정보 접근이 훨씬 쉬우며 명료하게 정보를 전달하는 장점이 있다.

논문 제목과 함께 초록은 학술지 홈페이지나 문헌정보 데이터베이스에서 누구에게나 무료로 제공된다. 또한 제목과 초록은 학술지 편집인과 심사위원의 검토 과정에서 매우 중요한 의미를 지닌다. 영향력지수('10. 영향력지수 논쟁'을 먼저 읽어봐도 된다)가 높은 학술지의 경우 완성된 원고를 검토하기에 앞서 제목과 초록(또는 이와 유사한 형태)을 사전에 검토하는 '투고 전 문의pre-submission inquiry'를 요구하기도 한다. 그만큼 제목과 초록만 보더라도 논문 전체의 윤곽을 알 수 있다는 뜻이다.

서론: 이 부분에는 왜 이 연구를 하게 되었는지, 왜 주목해야 하는지, 왜 중요한지, 왜 필요한지 등에 대해 써야 한다. 최근에는 짧고 초점이 명확한 서론을 선호하는 학술지가 늘어났다. 장황해서는 안 된다. 그러려면 먼저 연구의 목적이 무엇인지, 해결하고자 하는 문제가 무엇인지, 왜 해당 연구 분야에서 돌파구가 필요한지 등을 정확하고 매력적으로 정의하거나 규정할 수 있어야 한다. 일반적으로 서론의 마지막 문단은 능동형 문장으로 연구의 목적을 설명하거나 질문을 정의하거나 가설을 제시한다.

이러한 흐름을 매끄럽게 하려면 먼저 연구 목적이나 문제 정의와 관련된 선행 연구를 잘 분석해서 지금까지 잘 알려진 것과 불확실한 것을 명료하고 간결하게 정리해야 한다. 연구 배경은 연구 주제와 질환과의 관련성 및 임상적 중요성, 지식의 빈틈과 기존 연구의 한계, 새로운 전략의 필요성 등에 대해 분명한 근거를 제시하고 이를 논리적으로 설명할 수 있어야 한다. 이때 선행 연구 검토를 장황하게 한다면 오히려 논점을 해칠 수 있다. 또한 너무 잘 알려진 확실한 사실도 일일이 소개할 필요는 없다.

서론의 문장 전개 구조를 보면 흔히 깔때기 모양으로 구성됨을 알 수 있다. 일반적인 쟁점에서 구체적인 질문으로, 거시적 현상에서 미시적 분자 활성으로 전개되는 양상이 흔히 나타나기 때문이다. 일반적으로 서론은 전체 원고의 10~15퍼센트를 넘지 않고 보통 2~5 문단 정도로 구성한다. 연구의 정당성이나 동기는 현재시제를, 문헌을 검토한 내용은 주로 과거시제나 현재분사시제를 사용한다.

서론의 마지막 문단에는 연구 방법과 중요 발견에 대해 간략하게 설명한 후 연구 결과의 의미에 대해서도 짧게 언급한다. 이는 질문이나 가설과 연결하는 것이기도 하다. 하지만 최근에는 서론에서 결과를 요약하거나 의미를 언급하는 추세가 점점 사라지고 있다. 특히 최근에 등장한 빅데이터와 인공지능 기술을 이용하는 데이터 기반 연구data-driven research의 경우 문제를 해결할 수 있는 가설이나 단서가 뚜렷하지 않거나 새로운 돌파구를 찾으려 할 때 주로 사용하는데, 이때 탐사적 연구의 유용성이나 방법론의 강점을 강조하는 경우가 많다.

방법: 서론과 결과를 이어주는 부분이다. 결국 가설의 수용 여부는

실험적 증거로 결정되기 때문에 실험 방법은 상당히 중요한 위치를 차지할 수밖에 없다. 특히 실험 연구는 실험실에서 인위적으로 유도한 현상을 바탕으로 진행하기에 실험 조건은 매우 중요한 요소가 된다. 동료 과학자나 논문 심사위원이 실험 방법을 읽고 연구 목적이나 가설 확증과 부합하는지의 여부를 판단해야 하므로 어떤 재료를 사용했는지, 어떤 실험을 어떻게 수행했는지, 수집한 데이터를 어떻게 분석하고 제시했는지를 분명하게 설명할 수 있어야 한다. 연구에 사용된 실험 방법이나 모델에 따라 소제목subheading을 붙일 수도 있다.

방법은 일반적으로 과거시제로 작성한다. 다른 과학자들에게 잘 알려진 방법이거나 전문가의 입장에서 쉽게 유추해낼 수 있다면 굳이 상세히 쓰지 않아도 된다. 거의 표준화된 방법이나 키트 형태의 회사 제품을 사용하는 경우가 이에 해당된다. 사용된 실험 재료는 시약회사 이름과 같은 출처를 명시한다. 새로운 실험 방법을 고안하여 분석했다면 절차나 타당성에 관해 자세히 작성해야 한다. 만약 너무 길어지면 보충 정보supplementary information로 추가 설명을 할 수도 있다. 이런 보충 자료는 보통 인터넷으로 확인할 수 있다.

같은 실험이라도 온도, 시간과 같은 매개변수가 다른 경우 공통적인 절차만 방법에 작성하고 매개변수 조건은 표나 그림의 설명문legend에서 보여주면 된다. 통계 분석에도 사용한 분석 기법과 공통적인 내용은 방법에 작성한다. 실험을 반복한 횟수와 표준편차standard deviation나 평균의 표준오차standard error of the mean 등은 표나 그림의 설명문에서 보여줄 수 있다.

결과: 실험을 통해 밝혀낸 사실을 기술하는 부분이다. 내용을 명확

하게 설명하기 위해서 핵심 발견마다 소제목을 붙여 단락을 나누는 것이 일반적이다. 이 소제목의 내용을 다 합쳐 정리하면 논문 제목이 나온다. 따라서 논문은 계층화된 논증 구조라고 말할 수 있다. 일반적으로 가장 중요한 결과를 먼저 보여주고, 이어서 이를 지지하는 데이터나 기전을 제시하는 데이터를 보여준다. 마지막에는 주로 임상적 중요성을 보여주는 결과를 제시한다.

결과는 표와 그림의 형태로 요약할 수 있다. 이는 수치를 본문에서 떼어낸 것으로 본문의 가독성을 높이는 장점이 있다. 이 표와 그림은 본문의 설명을 따로 보지 않더라도 충분히 이해할 수 있도록 명쾌하게 제시해야 한다. 일반적으로 표는 정확한 수치를 보여주는 반면, 그림은 경향이나 패턴을 보여준다. 따라서 표와 달리 그림의 경우 데이터를 시각화하는 단계를 거치기 때문에 시각적 은유visual metaphor로 저자의 주장이 깊이 투영될 수 있다. 본문에서는 표나 그림 데이터를 모두 설명하는 것이 아니라 가장 중요하고 특징적인 부분만을 골라서 강조한다. 표와 그림의 제목은 결과의 소제목과 잘 부합해야 한다.

연구 목적과 실험 방법을 간단히 밝힌 후 실험 결과를 설명한다. 기본적으로 결과는 과거시제로 작성한다. 거의 대부분의 실험은 변수variable를 통제하여 인과관계를 규명하는 통제실험이다. 따라서 처리군에서 어떤 차이가 일어났는지는 음성 대조군negative control과 비교해서 되도록 정량적으로 설명한다. 만약 차이가 없다면 양성 대조군positive control과 비교해서 실험 자체에 문제가 없음을 설명하면 된다. 이로써 분석 방법의 민감성sensitivity과 특이성specificity, 실험 결과의 거짓음성false-negative 또는 거짓양성false-positive 여부가 분명하게 드러날 수 있다.

실험 데이터의 차이를 설명한 다음에는 이러한 차이가 어떻게 해석되는지 또는 어떤 결론으로 도출되는지를 정리하면 된다.

통계학자 조지 박스(George E. P. Box, 1919~2013)는 "기본적으로 모든 모델은 다 틀렸다. 하지만 몇몇은 유용하다Essentially, all models are wrong, some are useful"라는 유명한 말을 남겼다. 모델은 현실을 완벽하게 반영하지 못한다. 또한 관심 있는 분자의 활성이나 생명현상처럼 셀 수 없는 추상적 개념에 수치를 부여하는 작업에는 근본적인 한계들이 있다. 특히나 의생명과학 분야의 실험은 대부분 주어진 자극이나 탐침(입력)에 대한 반응(출력)을 측정하는 간접적인 분석법이다.

따라서 한 가지 실험 방법으로 얻은 데이터를 가지고 어떤 주장을 펴기에는 위험 부담이 크다. 이러한 문제를 해결하는 방법 중 하나는 여러 가지 서로 다른 실험 방법을 동원하여 확인하는 것이다. 서로 다른 실험으로 데이터를 얻었지만 그 결론이 늘 동일하게 귀결된다면 이는 사실일 가능성이 매우 높을 수 있다. 하지만 데이터가 너무 방대해져 논문 분량이 늘어날뿐더러 논점이 흐려지고 지식 전달의 효율성이 떨어질 수 있다는 문제가 생긴다. 그래서 최근 들어 논문의 본문에서는 핵심적인 데이터만 보여주고 나머지 실험 결과들은 보충 정보에서 공개하는 경우가 늘어나고 있다.

고찰: 실험 결과가 가설을 제대로 지지하는지, 어떤 의미를 가지는지, 왜 중요한지, 어느 정도 가치가 있는지 등을 설명하는 부분이다. 따라서 고찰을 잘 작성하려면 전문적인 지식과 함께 그 어느 부분보다도 폭넓고 거시적인 안목이 필요하다. 결과가 아무리 좋아도 제대로 고찰이 이루어지지 않으면 공허한 논문이 되고 만다. 의미를 지나치게

과장하는 것도 경계해야 한다. 고찰 내용은 서론에서 제시한 연구 목적, 질문 또는 가설과 잘 부합해야 한다. 단순한 결과 정리나 분석적이지 않은 피상적 해석은 별로 도움이 되지 않는다. 문헌에서 발췌한 최근 지식은 주로 현재시제로 작성하고 본 연구에서 나온 결과들은 과거시제로 작성한다.

일반적으로 첫 문단에서 주요 결과를 2~3 문장으로 간략하게 요약한다. 그런 다음 이 결과와 유사하거나 상반되는 선행 연구의 맥락을 검토하여 주요 결과를 비교 분석한다. 예상이나 선행 연구와 부합되지 않는 결과는 그 이유를 철저하게 분석해야 한다. 그다음 문단에서는 본 연구의 강점과 약점을 토의해야 한다. 개념적 진보는 물론이고, 생리학적 또는 임상적 타당성이 충분한지에 관해서도 상세히 설명하는 것이 중요하다. 그래야만 연구 결과가 임상적으로 유용한지, 앞으로 어떤 식으로 연구가 발전할 수 있는지, 어떻게 응용해 나갈 것인지를 원활하게 파악할 수 있다. 그렇다고 공허하리만큼 지나치게 의미를 강조하는 것은 바람직하지 않다. 고찰의 마지막 부분은 1~2 문장으로 이루어진 결론으로 마무리한다.

서론 부분의 내용 전개가 깔때기 모양이라면 고찰 부분은 뒤집어 놓은 깔때기 모양이라고 할 수 있다. 즉 구체적인 발견에서 일반적인 쟁점으로, 분자 기전에서 임상적 의미와 적용으로 논점을 확장시켜 나간다.

사사: 단순히 실험 재료를 제공하거나 원고를 읽고 논평을 해주는 등, 저자로 직접 참여하지 않았지만 논문을 마무리하는 데 도움을 준 동료에게 감사의 뜻을 표하는 부분이다. 여기에서는 대부분 이름과 소

속을 밝힌다. 최근에는 원고 작성에 의학저술가medical writer의 도움을 받는 사례가 늘어나고 있는데,[12] 이러한 경우에도 사사에 감사의 뜻을 표하면 된다. 연구비의 출처나 지원기관을 밝히는 것도 매우 중요하다. 이는 이해상충conflict of interest의 문제와도 연결될 수 있기 때문이다.

참고문헌: 본문에 인용된 논문이나 서적에 관한 상세한 정보를 제공한다. 인용은 과학계에서 우선권을 인정해주는 하나의 방식이므로 최대한 원저original article를 인용하는 것이 바람직하다. 기본적으로 적절한 논문을 인용해야 함은 물론이고, 되도록 최신 것으로 선택해야 한다. 또한 인용하기 전에 해당 논문의 본문 데이터를 꼼꼼히 검토하는 것이 중요하다. 최근 의생명과학 분야의 논문에는 원문을 그대로 가져오는 직접 인용은 거의 찾아볼 수 없다.

참고문헌 표기에는 제일저자의 알파벳 이름순으로 참고문헌을 정리하는 하버드Harvard나 미국심리학회American Psychological Association 형식과 번호를 매겨 정리하는 밴쿠버Vancouver 또는 ICMJE 형식을 주로 사용한다.[13] 학술지마다 요구하는 형식이 다르기 때문에 학술지의 투고 지침이나 규정을 잘 확인해야 한다. 참고문헌 인용을 제대로 정리하지 않으면 표절과 관련한 연구 윤리나 저작권법의 문제가 발생할 수 있다.

커버레터: 논문 원고에는 포함되지 않지만 학술지에 투고할 때 반드시 작성해야 하는 학술지 편집장editor-in-chief에게 보내는 부분이다. 이 커버레터cover letter는 투고한 논문이 어떤 새로움이 있는지, 어느 정

● ● ●

12 Gattrell et al. Professional medical writing support and the quality of randomised controlled trial reporting: a cross-sectional study. BMJ Open. (2016) 6, e010329

13 Masic I. The importance of proper citation of references in biomedical articles. Acta Inform Med. (2013) 21, 148-155

도 중요한지, 심사할 가치가 있는지, 어느 정도 파급력을 지니는지 판단하는 데 큰 영향을 미친다.[14] 논문을 하나의 상품에 비유한다면 편집인과 심사위원은 구매자로 볼 수 있다. 따라서 커버레터 작성의 핵심은 상품을 판매할 때 취하는 일종의 포지셔닝positioning 전략과 유사하다. 명심해야 할 점은 기회는 단 한 번뿐이라는 것이다.

커버레터에는 먼저 편집장의 이름을 명시하는 것이 좋다(그렇게 하지 않는 경우도 흔하다). 이는 해당 학술지에 대한 이해도가 일정 이상이라는 것을 보여주기 위함이다. 첫 문단에는 논문 제목을 언급하면서 해당 학술지 게재를 위한 투고 논문임을 밝힌다. 그다음 문단에는 두세 문장에 걸쳐 논문의 중요성에 대해 짧게 요약한다. 이 부분에서 문제를 정의하고 중요한 새로운 발견이 무엇이며 이 발견이 왜 중요하고 흥미로운지를 설명해야 한다.

그런 다음 논문의 적절성, 즉 투고한 논문이 학술지의 관심과 범위에 부합하는지, 독자에게 어떤 지식과 돌파구를 제공하는지를 명료하게 설명한다. 마지막에는 주로 학술지에서 요구하는 사항을 적는데, 대체로 중복 투고를 하지 않았거나 모든 저자가 투고에 동의했거나 이해상충의 문제가 없다고 선언하는 내용이다. 경우에 따라 추천하고 싶거나 배제하고 싶은 심사위원 명단을 적기도 한다.

만약 수정 후 게재acceptance after revision가 가능하다는 판정을 받고 수정 논문을 재투고할 때에는 커버레터에 수정 내용을 요약하고 심사위원의 심사 의견 하나하나에 답변을 달면 된다.[15] 이때 답변은 의견에

14 Kotz & Cals. Effective writing and publishing scientific papers, part XI: submitting a paper. J Clin Epidemiol. (2014) 67, 123

따라 수정한 내용을 상세히 설명할 수도 있고, 수용하거나 동의하기 힘든 지적이라면 확실한 근거를 제시하면서 반박rebuttal할 수도 있다.[16] 하지만 어느 선까지 수용하고 어느 선부터 반박할지 균형을 맞추고 수위를 정한다는 것은 대단히 어려운 문제이다. 또한 논문 게재가 연구비 수혜, 취업과 승진 등과 같은 현실적 상황과 맞물려 있기 때문에 결코 단순한 문제가 아니다.

이상으로 논문의 형식과 내용에 관해 간략하게 살펴보았다. 최근 들어 '그림 초록graphic abstract'을 요구하는 학술지들이 제법 늘어났다. 이는 논문에서 밝힌 핵심 지식을 시각화하여 내용의 이해를 돕고자 함이다. 따라서 그림 초록은 주로 모형을 제시하는 경우가 많다. 이러한 모형은 지식을 압축적으로 전달할 수 있음과 동시에 여러 가지 예측의 토대를 제공할 수 있다는 점에서 중요하다.

논문에 어떤 내용을 어떻게 담을 것인가의 문제도 매우 중요하지만 그에 앞서 연구 주제와 잘 어울리는 학술지를 찾는 것이 매우 중요하다. 학술지마다 선호하는 주제, 증명의 수준, 강도와 범위 등이 다르기 때문이다. 따라서 학술지 선정과 논문 원고 작성은 연구를 모두 마친 뒤에 시작하는 것이 아니라 연구를 처음 기획하고 설계하는 초기 단계에서부터 고민하는 것이 좋다. 또한 논문을 작성하면서 논리를 다시 한번 꼼꼼히 따지다 보면 논리적 결함이 드러나는 경우가 많기 때문에 되도록 논문은 일찍 쓰기 시작하는 것이 좋다.

15 Neill US. How to write a scientific masterpiece. J Clin Invest. (2007) 117, 3599-3602

16 Taylor BW. Writing an effective response to a manuscript review. Freshwater Science. (2016) 35, 1082-1087; Noble WS. Ten simple rules for writing a response to reviewers. PLoS Comput Biol. (2017) 13, e1005730

논문을 잘 쓰려면 연구 내용을 담을 때마다 다음과 같은 질문들을 던지면서 그에 대한 답을 하려고 노력해야 한다. 간결하고 명확하게 메시지가 표현되었는가? 목적이 분명한가? 주장하는 논점이 흐트러져 있지 않은가? 하나의 주제에 집중하고 있는가? 데이터에서 이끌어낸 결론에 논리적 허점이 없고 서로 치밀하게 엮여 있는가? 실험 결과는 가설을 충분히 지지하는가? 또 다른 해석 가능성은 없는가? 불필요한 반복은 없는가? 연구 결과가 생리학적으로 또는 임상적으로 타당하고 적절한가? 연구 결과의 해석이나 의미 부여에 지나친 비약은 없는가? 이처럼 연구라는 것은 결국 끝없이 반복되는 질문과 대답의 과정이다.

마지막으로, 논문을 쓸 때 가장 힘든 점은 처음에 어떻게 시작할까이다. 오죽했으면 미국의 대표적인 작가 존 스타인벡(John Steinbeck, 1902~1968)도 "첫 줄을 쓰는 것은 어마어마한 공포이자 마술이며 기도인 동시에 수줍음이다"라고 했을까. 그런데 이 말을 다시 생각해보면 논문 쓰기는 기회가 될 수 있다. 누구나 어려워하는 곳에 바로 경쟁력이 숨어 있기 때문이다.

영국의 역사가 토머스 칼라일(Thomas Carlyle, 1795~1881)은 "길을 걷다가 돌을 보면 약자는 그것을 걸림돌이라고 생각하지만, 강자는 그것을 디딤돌이라고 생각한다"고 말하지 않았던가.

II.

과학 학술지의 탄생

지금 이 시간에도 과학자들은 지적 세계의 콜럼버스가 되려는 원대한 꿈을 안고 거침없는 항해를 계속하고 있다. 그들에게 실험실은 니나/핀타/산타마리아호이고, 논문은 황금과 향신료가 넘쳐나는 인도이다. 그들은 학문의 지도를 새롭게 그리려는 야심 아래 오늘도 변함없이 새로운 지식의 땅을 찾아 나선다.

오늘날 과학자에게 〈네이처〉와 〈사이언스〉는 가히 약속의 땅이라고 할 만하다. 이렇게 유명한 과학 학술지에 논문이 실리면 원하는 직장, 막대한 연구비, 고대하던 승진이 보장되니까 말이다. 더군다나 여기저기서 밀려드는 세미나 요청으로 바쁜 나날을 보내는 등 지적 세계의 주목을 한껏 받는다. 과학자라면 누구나 한번쯤은 자신의 이름을 이러한 학술지 논문에 올리고 싶어 하는 것은 당연하다. 특히 인생 역전을 노린다면 말이다.

〈네이처〉는 1869년, 〈사이언스〉는 1880년에 창간되었고, 지금은 일주일에 한 번씩 정기적으로 발행되고 있다. 일주일마다 새로운 과학 지식을 유통시키는 이 학술지들은 직간접적으로 전 세계 과학자들에게 막강한 영향력을 행사하고 있다. 상당수의 과학자들은 알게 모르게 이러한 유명 학술지에 예속된 삶을 살아간다. 연구 결과를 발표하는 것도 중요하지만, 그보다 더 중요한 관심사는 어느 학술지에 논문을 싣느냐 하는 것이기 때문이다.

그럼에도 끊임없이 계속되는 질문이 있다. "논문은 과학자에게 어떤 의미를 지니는가?" 흔히 시작할 때나, 어느 순간 되돌아볼 때 던지는 질문이기도 하다. 이러한 질문은 곧잘 질문의 범위를 넓혀 나간다.

왜 꼭 논문을 써야 하지? 왜 과학 지식은 논문을 통해 유통되지? 언제 학술지가 처음 만들어졌지? 지식은 어디에서 다루어졌지? 지식은 언제부터 생산되고 기록되기 시작했지? 지식의 역사에서 과학 논문이 차지하는 위치는 어떻게 되지?

이 책의 2부인 '과학 학술지의 탄생'은 이러한 여러 물음에 대한 대답이다. 먼저 지식 생산과 유통의 도구와 현장을 다루면서 거시적 시각에서 과학 지식과 논문을 조망하는 시간을 가지려고 한다. 그다음으로 최초의 과학 학술지인 〈철학회보〉의 탄생을 둘러싼 시대적 배경과 맥락을 살펴볼 것이다. 마지막으로 〈철학회보〉가 등장한 이후 과학 논문이 어떤 변화를 겪었는지를 간략하게 정리한다.

에드워드 핼릿 카(Edward Hallett Carr, 1892~1982)는 "역사는 현재와 과거 사이의 끊임없는 대화다"라고 말한 바 있다. 과학 논문을 둘러싼 지적 배경과 생각의 흐름을 접하고 친숙해진다면 현재에 대한 이해가 더욱 풍요로워질 것이다.

03 지식 유통의 도구

오늘날 우리는 지식 사회에서 살고 있다. 우리나라 중앙행정기관으로 한때 지식경제부가 발족한 적이 있었다. 이렇게 된 데에는 지식 생산에 막대한 힘을 발휘한 과학의 영향이 컸다. 사실 지식이 삶을 영위하는 데 중요해진 것은 아주 옛날로 거슬러 올라간다. 자연의 영역이었던 선택 과정에 개입하여 생물 종을 개량하려는 인류의 실험은 1만 년 전에 이미 시작되었다. 가축화와 작물화라는 자연 개량의 기획은 지식의 축적이 없었더라면 불가능한 일이었다.

만약 입에서 입으로만 지식이 전해졌다면 인류는 지금 어떤 모습일까? 입으로만 전승되는 지식은 얼마나 정확할 수 있을까? 경험적이든 관념적이든 우리의 지식이 기록되지 않았다면 그리고 널리 공유되지 않았다면 지금과 같은 발전을 이룰 수 있었을까? 지식이 쌓이고 퍼져

나가려면 시간과 공간의 제약에서 벗어나야 하는데, 이를 극복하기 위해 과연 인류는 어떤 노력을 기울였을까?

먼저, 지식이 기록된다는 것은 무엇을 의미하는가? 이는 쓰기의 역사와 맞물려 있는 문제이기도 하다. 쓰기는 인류 역사에서 가장 위대한 발명 중 하나라고 해도 과언이 아니다. 우리가 이미 잘 알고 있듯 말은 찰나에 지나지 않고 시간순으로 조직화되지만, 쓰기는 지속성이 있고 공간적 배치를 통제할 수 있다.[1] 쓴다는 것은 머릿속에 들어 있는 생각을 시각화함을 뜻한다. 이것이 가능하려면 생각과 대응되는 상징 기호와 시각화에 필요한 매체가 있어야 한다. 이것이 어렵기 때문에 독창적으로 개발된 문자 언어는 정말 얼마 되지 않는다.

6만 4천 년 전 유럽 최초의 화가들은 스페인의 라 파시에가La Pasiega 동굴 벽에 그림을 남겼다.[2] 이 화가가 네안데르탈인인지 현생인류인지의 논쟁을 떠나 벽화를 남겼다는 것은, 그리려는 대상의 특징을 포착하여 추출해낼 수 있고 그렇게 추출한 특징을 동굴 벽이라는 매체에 시각화할 수 있었다는 뜻이다. 달리 말해, 추상화된 상징 기호를 이용하여 생각을 시각적으로 재구성해낼 수 있었다는 것이다.

당시 인류가 왜 동굴 벽에 이런 그림을 그렸는지 정확히 가늠하는 것은 쉽지 않다. 또한 왜 그토록 접근하기 힘든 장소에 굳이 그런 그

1 오토 루트비히 지음, 이기숙 옮김. 『쓰기의 역사』. 연세대학교 대학출판문화원. 2013. pp.2-28

2 Appenzeller T. Europe's first artists were Neandertals. Science. (2018) 359, 852-853; Hoffmann et al. U-Th dating of carbonate crusts reveals Neandertal origin of Iberian cave art. Science. (2018) 359, 912-915; Marris E. Neanderthal artists made oldest-known cave paintings. Nature News. (2018)
https://www.nature.com/articles/d41586-018-02357-8

림을 그렸는지 설명하기는 더욱 어렵다. 하지만 적어도 그 벽화에서 원시적 형태의 지식이 기록되었음을 짐작해볼 수 있다. 또한 자연의 질서와 규칙을 어느 정도 알아챘고 과학적으로 사고하기 시작했음을 추측해볼 수 있다. 뿐만 아니라 '출판하다publish'라는 단어에 '공개하다make public'라는 뜻이 있음을 감안할 때, 동굴 벽화는 출판의 역사가 시작됨을 알리는 것이기도 하다.

추상화된 상징 기호는 사회적 약속을 통해 부호화되면서 문자 체계로 발전했다. 이에 따라 인류가 쌓은 경험과 지식이 구체적인 문자로 기록되기 시작했다. 그렇게 되자 사람들이 직접 만나지 않아도 쉽고 정확하게 지식을 확산하고 전승할 수 있는 길이 열렸다.[3] 하지만 문자 발명만으로 시간적, 공간적 제약이 심한 음성 언어의 한계가 극복된 것은 아니었다. 문자를 익힌 사람의 수도 당연히 중요했지만 문자를 시각화할 수 있고 들고 다니기 수월한 매체가 반드시 있어야 했다. 동굴 벽에 남긴 기록의 경우 시간적 제약은 극복했으나 여전히 공간적 제약에 묶일 수밖에 없었다.

기원전 3000년경 양질의 점토를 쉽게 구할 수 있는 메소포타미아에서 점토판을 문자 기록의 매체로 사용하기 시작했다. 나무틀을 이용해서 적당한 크기와 두께의 점토판을 제작했다. 여기에 갈대 줄기를 잘라서 만든 필기구로 문자를 새긴 후 햇볕에 말리거나 불에 구우면 내구성이 높은 점토판 문서가 되었다. 이로써 인류는 역사의 시대로 들어서게 된다. 지구상에서 유일하게 자신과 자신을 둘러싼 세계를 이해

3 Renn J. From the History of Science to the History of Knowledge–and Back. Centaurus. (2015) 57, 37-53

하려는 욕망, 즉 "왜?"라는 질문을 던질 수 있는 인간이 비로소 그 진가를 제대로 발휘하기 시작한 것이다.

문자 언어로 지식이 기록되기 시작하자 문자를 가르치고 배워야 하는 상황이 벌어졌다. 지식 전수를 담당하는 전문직이 생겨나고 배움의 장소인 학교가 꾸려졌으며 그곳에서 학생이 길러졌다. 이러한 지식 기반의 문화와 활동은 도시 문명을 지탱하는 핵심적인 역할을 하게 되었다.

경험을 통해 터득한 의학적 지식과 기술도 점토판에 문자로 남겨지기 시작했다. 가장 오래된 의학 문헌은 기원전 2600년경에 수메르인이 제작한 점토판 문서로 의료용 식물의 처방을 담고 있다.[4] 인류 최초의 서사시 「길가메시 서사시Epic of Gilgamesh」 역시 점토판에 기록되었고, 아시리아의 왕 아슈르바니팔(Ashurbanipal, 기원전 685~기원전 627)의 도서관에서 발견되었다.

한편, 기원전 2600년경 이집트에서는 줄기를 벗겨낸 파피루스papyrus를 문자 기록의 매체로 사용하기 시작했다. 파피루스로 만든 두루마리 형태의 책은 점토판 문서에 비해 문자 기록의 양을 크게 늘릴 수 있었다. 의학 지식 역시 파피루스에 기록되었는데, 대표적으로 기원전 1600년경에 작성된 『에드윈 스미스 파피루스Edwin Smith Papyrus』를 들 수 있다. 이 파피루스는 역사에 등장하는 최초의 의사이자 이집트 사카라의 계단

● ● ●

4 Ji et al. Natural products and drug discovery. Can thousands of years of ancient medical knowledge lead us to new and powerful drug combinations in the fight against cancer and dementia? EMBO Rep. (2009) 10, 194-200; Dias et al. A historical overview of natural products in drug discovery. Metabolites. (2012) 2, 303-336; Petrovska BB. Historical review of medicinal plants' usage. Pharmacogn Rev. (2012) 6, 1-5

식 피라미드를 설계한 건축가 임호테프(Imhotep, 기원전 2650~기원전 2600년경)의 의학 체계로 추정된다.[5]

1세기에 이르자 점토판과 파피루스에 이어 기록 매체의 혁신이 일어났다. 양피지로 만든 코덱스codex 서적이 등장하면서 지식을 새롭게 체계화하게 되었다.[6] 대大플리니우스(Plinius, 23~79)에 따르면 이집트의 프톨레마이오스 6세(Ptolemaios VI Philometor, 기원전 180~기원전 145)는 파피루스의 생산 방법을 기밀로 정하고 수출을 금지했다. 이 때문에 페르가몬의 에우메네스 2세(Eumenes II, 기원전 221~기원전 158)는 다른 재료를 사용하여 책을 제작하고 도서관을 채워야 했다. 이런 상황이 송아지, 양, 염소 등의 가죽으로 만든 양피지를 개발하는 데 큰 영향을 미쳤을 것으로 보인다.

로마의 역사가 수에토니우스(Suetonius, 69~130)는 율리우스 카이사르(Gaius Julius Caesar, 기원전 100~기원전 44)가 두루마리를 접어서 군대에 급보를 보낸 데에서 코덱스의 유래를 찾았다. 이후 양피지로 만든 코덱스 책은 표제와 목차를 붙여 구조화되었고, 이로써 읽을 부분을 쉽게 선택하거나 찾을 수 있었다. 또한 코덱스는 책장의 양면에 글을 기록할 수 있었고 여백에 주석을 달기가 편했다. 더욱이 기독교가 공인되기 전에는 성서를 숨기기에도 유리했다.

4세기에 접어들자 양피지로 만든 코덱스 책의 사용량이 파피루스로 만든 두루마리 책보다 훨씬 늘어나기 시작했다. 그렇더라도 지식 유통

5 Nima Ghasemzadeh, A. Maziar Zafari. A brief journey into the history of the arterial pulse. Cardiol Res Pract. (2011) 164832

6 알베르토 망구엘 지음, 정명진 옮김. 『독서의 역사』. 세종서적. 2016. pp.188-217

에는 큰 한계가 있었다. 손으로 직접 옮겨 적는 필사본을 만드는 데 시간이 너무 오래 걸려 빠른 시간 안에 대량으로 책을 만들 수 없었기 때문이다. 또한 손으로 옮기다 보니 각 필사본마다 쪽 번호가 달라 원문 인용이 매우 힘들었다. 더군다나 필사를 하는 동안 오류가 생길 가능성도 높았다.

중세 말, 독일의 마인츠에서 지식의 역사에 길이 남을 혁명적 사건이 일어났다. 금은 세공사인 요하네스 구텐베르크(Johannes Gutenberg, 1398~1468)가 금속활자를 발명한 것이다. 종이의 보급에 이어 활판 인쇄술의 개발은 서양 세계의 대변화를 이끌어냈다. 같은 책을 무제한으로 재생산할 수 있게 된 것이다. 이로 인해 책값이 내려갔고 책을 구입해서 읽는 계층이 늘어났다. 무엇보다도 지식을 정확하게 널리 보급하고 전승할 수 있게 되었다.

인쇄술은 지리적 공간이 달라도 동일한 글과 그림을 읽고 볼 수 있게 해주었기에 지식이 표준화되는 효과를 가져왔다. 인쇄술의 중요성은 종교개혁을 이끈 마르틴 루터(Martin Luther, 1483~1546)의 다음과 같은 말에서 잘 보여준다.

"인쇄술은 신이 내린 최고이자 최선의 선물이다. 왜냐하면 신은 인쇄술을 통해 진정한 종교를 세계 끝까지 알리고 모든 언어로 전달하고자 하기 때문이다."

인쇄술은 학자들에게 무한한 작업의 기회를 안겨주었다. 대표적인 인물로 알두스 마누티우스(Aldus Manutius, 1449~1515)를 들 수 있다.[7] 그

7 North M. Aldus Manutius and early medical humanist publishing. Circulating Now. 2015. https://circulatingnow.nlm.nih.gov/2015/02/06/aldus-manutius-and-early-medical-humanist-publishing/; Pearce JMS. Greek medicine: a new look. Brain. (2016) 139, 2322-2325

의 노력으로 『히포크라테스 전집Corpus Hippocraticum』뿐만 아니라 그리스 원전인 『갈레노스 전집Corpus Galenicum』이 라틴어로 번역되었고, 그의 사후 10년이 지난 1525년에 그가 차렸던 베네치아의 알디네 출판사Aldine Press에서 출간되었다.

유럽과 아랍의 비교에서도 인쇄술의 중요성을 가늠해볼 수 있다. 중세 시대에는 유럽보다 아랍에서 학문과 기술을 이끌었다. 특히 아비센나(Avicenna, 또는 이븐시나Ibn Sīnā 980~1037)와 아베로에스(Averroës, 또는 이븐루시드Ibn Rushd, 1126~1198) 등은 근대 초까지 유럽에 지대한 영향력을 준 아랍 학자였다.[8] 하지만 아랍에서는 인쇄술이 지식인의 활동을 자극하지 못했다. 19세기 무렵까지도 아랍은 인쇄술을 받아들이지 않았으며, 주로 구두나 수기로 정보를 교환했다. 인쇄술에 대한 이런 상반되는 입장은 유럽과 아랍 세계가 분리되는 결정적인 계기로 작용했다.

물론 인쇄술에 순기능만 있는 것은 아니었다. 당시 인쇄술은 주로 영리 목적으로 사용되었기에 출판 대상 서적을 선별하는 결과를 가져왔다. 지식이 정확하게 전파되는 만큼이나 한번 잘못 인쇄되어 오류가 생기면 그 오류 역시 빠르게 확산되는 상황이 벌어졌다. 또한 지식의 개념과 범주는 시대에 따라 달랐는데, 중세에서 근대 초기까지 주술이나 마법도 지식의 영역에 포함되었다. 이로써 억울한 희생을 양산하는 결과가 빚어지기도 했다.

도미니크 수도회 수사인 하인리히 크라머(Henrich Kramer, 1430~1505)와 야콥 슈프렝거(Jacob Sprenger, 1436~1495)가 1487년에 출판한 마녀 사냥에 관한 안내서 『마녀의 망치Malleus Maleficarum』가 대표적이다. 이 안내서

• • •

8 Majeed A. How Islam changed medicine. BMJ. (2005) 331, 1486-1487

는 한동안 성경 다음으로 많이 팔렸고 마녀 사냥의 교과서로 자리 잡았다. 안타깝게도 이 서적으로 말미암아 적어도 10만 명이 넘는 여성들이 마녀로 지목되어 목숨을 잃었다.[9]

획기적인 인쇄술만으로는 출판업의 성공이 보장되는 것은 아니다. 그에 걸맞은 매체나 지지체도 있어야 한다. 바로 종이였다. 종이는 105년 중국의 채륜(蔡倫, 50~121)이 발명했다고 전해지지만 사실은 그 이전부터 사용된 것으로 보인다. 8세기 중엽, 중국에서 아랍으로 넘어간 제지 기술은 12세기 중반 스페인에 흘러들었고 14세기에 유럽 전역으로 퍼져나갔다.

14세기 흑사병의 대유행으로 유럽 인구의 3분의 1이 줄어들자 종이의 원료인 누더기 천이 싼 가격으로 대량 공급되었다. 이에 따라 종이 가격이 양피지보다 20분의 1까지 내려갔다. 중세 말기에 이르러 교회와 수도원 학교 이외에도 대학universitas이 설립되자 지적 수요가 크게 늘어났다. 이런 상황에서 가격 경쟁력이 뛰어난 종이는 지적 수요를 충족시키는 획기적인 재료로 주목받았다. 마침내 제지 산업과 출판 산업은 서로 밀접한 관계를 맺으면서 발전해 나갔으며, 제지업의 중심지 분포는 인쇄소의 분포에 큰 영향을 주었다.[10]

이후 유럽의 인쇄소는 교통망이 잘 발달된 상업도시에 들어서기 시작했다. 1470년 17곳에 지나지 않던 인쇄소가 1480년에 121곳으로, 1490년에는 204곳으로 늘어났다.[11] 1500년에 이르러 저자명, 도서명,

9 한스 요아힘 슈퇴리히 지음, 박민수 옮김. 『세계철학사』. 자음과 모음. 2008. pp. 397-400

10 페브르 & 마르탱 지음, 강주현 & 배영란 옮김. 『책의 탄생』. 돌베개. 2014. pp. 57-77

출판 장소, 출판사 이름과 발행 연도를 적는 판권 형식이 도입되었다. 활판 인쇄술이 등장하면서 50년 동안 인쇄된 책은 그 이전 1천 년 동안 필사된 책의 수를 훨씬 뛰어넘었다.[12] 1550년 무렵에는 책이 너무 많다 보니 제목조차 읽을 시간이 없다는 불평도 생겨났다.

이에 따라 지식을 어떻게 범주화하고 체계화할 것인가에 대한 새로운 고민이 생겨났다. 오늘날 세부 전공을 어떻게 나눌지에 대한 문제라든지 학술지를 어떻게 분류할 것인가에 대한 문제와도 연결된다. 예를 들면 주제에 따라 나눌 수도 있지만 알파벳에 따라서도 분류할 수 있다. 또한 하나의 전문 학술지 안에서 주제에 따라 섹션을 나누는 문제도 마찬가지다.

당시 인쇄소는 이전에 찾아볼 수 없었던 최첨단 기술 기반의 혁신적 기업이었다. 이는 오늘날 인터넷이나 스마트폰의 등장에 따른 산업 구조와 생활 방식 변화에 견줄 만한 것이었다. 많은 일자리가 창출되었고 새로운 직업과 사업이 등장하는 등 상상하기 힘들 만큼 어마어마한 파급 효과를 가져왔다. 먼저, 책을 생산하고 판매하는 도서 시장이 생겨났고 저자나 번역가와 같은 지식 노동자들이 등장했다. 책 디자인에 신경을 쓰기 시작했고, 책을 보관할 공간과 시설이 필요하게 되었다.

자연의 모습을 문자로만 설명하기에는 무척 어렵다. 예를 들면 강아지 그림을 보여주면서 강아지는 이렇게 생겼다고 하면 끝날 일을 문자로 설명한다고 생각해보라. 제지술과 인쇄술뿐만 아니라 르네상스

11 데틀레프 블롬 지음, 정일주 옮김. 『책의 문화사』. 생각비행. 2015. pp.71-106

12 페브르 & 마르탱 지음, 강주현 & 배영란 옮김. 『책의 탄생』. 돌베개. 2014. pp. 443-447

예술가들에 의해 판화 기술이 발전하면서 아주 정교하고 세밀한 그림도 손쉽게 대량으로 제작되어 확산되었다. 이렇듯 이미지를 통해 지식이 시각화되면서 문자만으로 표현하기 힘든 지식 전달이 훨씬 수월해졌다.

1543년에 발표된 안드레아스 베살리우스의 해부학 저서 『인체의 구조에 관하여De Humani Corporis Fabrica』는 기존 서적과는 비교할 수 없을 정도로 정교한 해부 이미지를 담아내 근대 의학의 탄생과 혁신에 절대적인 공헌을 했다.[13] 해부학 지식을 문자로만 옮기고 또 배우기에는 한계가 너무나 분명했다. 이렇듯 지식의 유통에서 문자와 이미지가 결합됨으로써 전달 가능한 지식의 범위가 넓어졌고 정확성 또한 높아졌다.

지식이 급속도로 쌓이자 근대 초기부터 지식을 분류하는 방식이 다양해지기 시작했다.[14] 이론적 지식과 실용적 지식, 철학자의 지식과 경험주의자의 지식, 학문과 기술, 공개된 지식과 은밀한 지식, 금지된 지식과 합법적 지식, 전문적 지식과 종합적 지식, 책에서 얻은 지식과 현장에 기초한 지식, 계량적 지식과 속성적 지식 등으로 나누었다. 프랜시스 베이컨은 기억(역사학), 지각(철학), 상상(시) 등 정신작용을 기초로 지식을 분류하기도 했다. 지식의 분류 체계가 바뀐다는 것은 지식의 지형도가 바뀌고 교육기관의 재조직화가 일어남을 의미했다.

흥미롭게도 17세기에 이미 지식의 전문화와 파편화에 따른 비판이

● ● ●

13 전주홍 & 최병진. 『醫美, 의학과 미술 사이』. 일파소. 2016. pp.174-185

14 피터 버크 지음, 박광식 옮김. 『지식: 그 탄생과 유통에 대한 모든 지식』. 현실문화연구. 2006. pp.147-157

일어나기 시작했다.[15] 아이작 배로(Isaac Barrow, 1603~1677)는 논문 「근면함에 관하여Of Industry」에서 넓게 알지 못하는 학자는 훌륭한 학자가 될 수가 없다고 했다. 청교도 신학자 리처드 백스터(Richard Baxter, 1615~1691)는 『신성한 공화국Holy Commonwealth』에서 지식이 파편화되는 상황에 대해 안타까움을 표시했다.

또한 드니 디드로(Denis Diderot, 1713~1784)와 장바티스트 르 롱 달랑베르(Jean-Baptiste Le Rond d'Alembert, 1717~1783) 등 계몽주의 사상가들은 『백과전서L'Encyclopédie』에서 총체적 지식은 인간 능력 밖의 일이 되었다고 편협한 전문성을 비판했다. 『백과전서』에는 '지식인'에 관한 설명에서 시야가 좁은 전문가가 아니라 다른 분야들을 제대로 연마하기 어렵다 해도 어느 정도 두루 섭렵할 능력이 있는 사람임을 강조하고 있다. 이러한 기준에서 본다면 오늘날의 과학자는 과연 지식인으로 불릴 수 있을까?

그렇다고 다방면으로 많이 아는 박식가를 좋게 본 것은 아니었다. 박식가에 대한 비판은 고대 그리스부터 존재했는데, 헤라클레이토스(Heracleitos, 기원전 535~기원전 475)는 총체적 지식을 가졌다고 자처한 피타고라스(Pythagoras, 기원전 571~기원전 495)를 사기꾼이라고 비난했다. 또한 요한 볼프강 폰 괴테(Johann Wolfgang von Goethe, 1749~1832)의 『파우스트Faust』에서도 박식가에 대한 부정적인 인식을 엿볼 수 있다.

한편, 논문을 쓰는 도구도 여러 변화를 겪었다. 19세기 들어서 내구성이 강한 금속 펜이 등장하기 전까지는 깃펜을 사용했다. 19세기 말에

15 피터 버크 지음, 박광식 옮김. 『지식의 사회사 1: 구텐베르크에서 디드로까지』. 민음사. 2017. pp.137-145

는 만년필이, 1940년대에 이르러 볼펜이 보급되었다. 19세기 말을 지나면서 전문 학술지들에서 손으로 쓴 원고가 아닌 타자로 친 원고를 투고하라고 요구하기 시작했다. 1930년대 이후 전동 타자기가 등장했고, 1980년대를 지나면서 논문 작성에 개인용 컴퓨터를 사용하게 되었다.

우리는 이제 점토판, 파피루스, 양피지, 종이를 거쳐 디지털 매체의 시대에 살고 있다. 새로운 대혁신의 시대에 들어선 것이다. 종이와 인쇄의 시대에 처음 등장한 과학 전문 학술지는 지식의 유통뿐만 아니라 연구를 하는 방식 등 과학 전반을 크게 바꾸어 놓는 출발점이 되었다. 디지털 시대에 접어든 지금은 어떤가? 지식의 표현은 문자와 이미지에 국한되지 않고 동영상이나 애니메이션 등으로 확장되었다. 뿐만 아니라 새로운 지식이 실시간으로 전파되고 있다. 그렇다면 이런 변화가 과학 전반을 또 한 번 송두리째 바꾸어 놓을 수 있을까? 다음과 같은 서로 다른 두 가지 이야기로 답을 대신하고자 한다.

토머스 에디슨(Thomas Edison, 1847~1931)은 "책을 읽으면 2퍼센트만 흡수하지만 활동사진을 보면 100퍼센트 흡수할 수 있다"고 여기면서 앞으로 교과서는 쓸모없어질 것이라고 확신했다. 하지만 에디슨의 말은 아직도 실현되지 않고 있다.

한편, 1903년 10월 〈뉴욕 타임스〉는 적어도 백만 년 이상 지나야 비행기가 하늘을 나는 것이 가능할 것이라고 비판했다. 하지만 두 달 뒤인 1903년 12월 17일, 윌버 라이트(Wilbur Wright, 1867~1912)와 오빌 라이트(Orville Wright, 1871~1948) 형제는 역사상 최초로 12초 동안 36.5미터(120피트) 거리를 비행하는 데 성공했다.

지식을 다루는 공간

구석기 시대의 인류는 동굴이라는 공간에 벽화를 남겼다. 지식의 기록과 보존이라는 긴 여정의 첫걸음을 뗀 것이다. 이후 문자와 기록 매체의 발전에 힘입어 지식을 다루는 핵심 공간으로 도서관, 수도원, 대학 그리고 실험실 등이 등장했다. 이러한 지식의 현장을 시간의 흐름에 따라 간략하게 살펴보려 한다. 물론 이외에도 지식을 다루는 또 다른 여러 공간들(예를 들면 서점, 화랑, 커피하우스, 박물관, 병원 등)이 있었고 서로 상호작용을 했다는 점을 간과해서는 안 될 것이다.

먼저, 지식을 공유하는 공간인 도서관이다. 최초의 도서관은 기원전 3000년경 메소포타미아에서 등장했다.[16] 쐐기문자로 작성된 점토판 문

16 스튜어트 머레이 지음, 윤영애 옮김. 『도서관의 탄생』. 예경. 2012. pp.21-24

서들이 늘어날수록 문서 보관과 조직화가 필요했기 때문이다. 하지만 도서관이 지식 생산, 수집, 공유, 유통의 현장으로서의 역할을 제대로 하게 된 것은 헬레니즘 시대에 접어들어서였다.

알렉산드로스 대왕(Alexandros the Great, 기원전 356~기원전 323) 이후 이집트 알렉산드리아를 통치했던 프톨레마이오스 1세(Ptolemaios I Soter, 기원전 367~기원전 283)는 팔레룸의 데메트리우스(Demetrius of Phalerum, 기원전 350~기원전 280년경)의 제안을 받아들여 '비블리오테카bibliotheca'를 설립했다. 이 비블리오테카는 고대 서양 세계에서 가장 큰 규모를 자랑했던 도서관으로 세상의 모든 지식과 기억을 수집하고 집대성하겠다는 야심 찬 기획이었다. 이는 논리적 우주를 재구성하는 것이기도 했다.

로마 시대의 저술가 아울루스 겔리우스(Aulus Gellius, 125~180)에 따르면 비블리오테카에 70만 권의 책이 있었다고 전한다. 파피루스 두루마리 형태라 요즘 책으로 치면 3분의 1 미만에 지나지 않지만 이를 감안해도 엄청난 양이었다. 아무튼 이를 기반으로 알렉산드리아는 오랜 기간 동안 서양 세계에서 지식과 학문의 수도로 자리매김할 수 있었다. 인쇄술이 발명되기 전의 서양 세계에서 소장 도서가 2천 권을 넘은 도서관은 아비뇽의 교황청 도서관뿐이라는 점을 감안하면 비블리오테카의 설립이 얼마나 거대한 기획이었는지를 가늠할 수 있다.[17]

하버드 대학교 총장 찰스 엘리엇(Charles William Eliot, 1834~1926)은 "도서관은 대학의 심장이다"라고 말했다. 또한 한 나라의 미래를 알려면 도서관에 가보라는 말도 있다. 그렇듯 오늘날에도 여전히 도서관은 지식을 공유하는 현장으로서 지식 유통에 핵심적인 역할을 하고 있다.

17 알베르토 망구엘 지음, 정명진 옮김. 『독서의 역사』. 세종서적. 2016. pp.270-287

다음으로는 지식을 보존하는 공간, 수도원이다. 수도원은 4세기부터 교회의 세속화에 따른 반성에서 생겨나기 시작했다. 5세기 서고트족에 의해 로마가 멸망한 뒤로 12세기 대학이 등장할 때까지 수도원은 유일하게 문자화된 지식을 보존하는 역할을 충실하게 수행했다.

6세기에 접어들어 베네딕트회 수도원이 등장했다. 플라톤(Platon, 기원전 428~기원전 347)의 아카데메이아가 폐쇄되던 해에 누르시아의 베네딕투스(Sanctus Benedictus de Nursia, 480~547)는 몬테카시노에 수도원을 세웠다. 이후 베네딕트회 수도원은 이탈리아를 넘어 유럽 전역에 세워졌고, 여러 수도회 중에서도 고전 문헌 정리와 분류 및 보존에서 가장 중추적인 역할을 했다. 또한 수도사들이 여러 수도원들을 빈번하게 이동하자 지식과 기술 교류와 확산이 일어나게 되었다.

로마의 정치가이자 수도사 카시오도루스(Cassiodorus, 485~585)는 일찌감치 수도원의 기능을 지식의 보관과 전달로 여겼다. 그는 성서를 이해하고 설명하려면 고대 문헌이 필요하다고 여겼으므로 고문서를 수집하고 보존하기 위해 노력했다. 따라서 이교도적 문서를 다루더라도 어느 정도 종교적으로 정당화될 수 있다고 생각했다.

로마의 몰락부터 12세기까지 700년 동안 수도원은 책의 생산과 책에 관련된 문화를 독점했다.[18] 특히 중세 수도원의 필사실scriptorium은 고전 문헌을 보존하는 역할을 통해 중세와 르네상스의 연결고리를 이끌어냈다.[19] 필사는 원래 글을 그대로 베껴 쓰는 작업이었다. 필사를 담당했던 필경사들은 수확기를 제외하고 밭일이나 기도 그리고 예배

18 페브르 & 마르탱 지음, 강주현 & 배영란 옮김. 『책의 탄생』. 돌베개. 2014. pp. 29-30

19 맥닐리 & 울버턴 지음, 채세진 옮김. 『지식의 재탄생』. 살림. 2009. pp.50-83

도 면제받을 수 있었다. '필사는 입이 아니라 손으로 드리는 기도'였기 때문이다.

11세기 말에 지식을 다루는 새로운 공간으로 대학이 등장했다. 로마법의 부활과 함께 볼로냐가 선두로 나섰다. 초기의 대학들은 어떤 기획에 따라 인위적으로 만들어진 것이 아니라 특정 도시를 중심으로 학생과 교수가 자연스럽게 만나면서 출발했다. 특히 수도원에서 벗어난 공간에서 학자 집단을 만나게 되면서 성직자가 아닌 학자 집단이 본격적으로 등장했다. 이들은 주로 법률가나 의사로, 대학의 상급 학부와 관련이 깊었다. 이로써 수도원이 지식을 독점하는 구조가 깨지게 되었다.

당시 유럽 경제가 회복되면서 지식을 추구하기 위해 여행을 떠날 수 있는 여건이 마련되었다. 학문적 성지순례가 생겨났고 수도원 밖에서도 학자를 만날 수 있었다. 신성로마제국의 황제 프리드리히 1세(Friedrich Barbarossa, 1122~1190)는 학문을 위해 여러 지역으로 옮겨 다니는 학자들의 충성을 얻기 위해 1158년 유럽 대학의 '마그나 카르타Magna Carta'로 평가되는 포고령을 발표했다. 이에 따라 학생들은 어디든 안전하게 여행할 수 있는 권리를 얻었으며 도시 당국이 아닌 자신의 스승에게 재판받을 수 있는 권리까지 확보했다.

12세기에 일어난 이러한 지적 혁신 운동을 가리켜 역사가 찰스 해스킨스(Charles Homer Haskins, 1870~1937)는 '12세기의 르네상스'라고 했다. 중세의 대학은 플라톤의 아카데메이아나 아리스토텔레스의 리케이온Lykeion의 부활이라고 볼 수 있었기 때문이다. 문예부흥운동에 200년 앞서 일어난 이러한 학문부흥운동은 근대 과학이 출현하는 데 지적 자

양분이 되었다.[20]

대학의 어원인 '우니베르시타스universitas'는 원래 물리적으로 구체화된 공간이 아니라 모임 또는 길드(조합)를 가리켰다. 학생 조합은 'universitas scholarium', 교사 조합은 'universitas magistorum'이라고 했다. 따라서 이때의 대학은 학문적 보편성universality이나 우주universe라는 뜻과는 전혀 관련 없었다.

시설이나 장소라는 의미에서 대학은 '스투디움 게네랄레studium generale' 또는 '스투디움 파르티쿨라레studium particulare'라고 했다. 이는 학문에 따른 분류가 아니라 특정 지역의 학생만 모집하면 파르티쿨라레, 모든 지역의 학생을 모집하면 게네랄레였다. 학업을 위해 집을 떠나온 가난한 학생들을 수용하여 숙식을 제공하는 '콜레기움collegium'이 파리에 설립되었다. 이처럼 우니베르시타스와 달리 콜레기움은 학생이 거주하는 구체적인 형태의 건물이 있었다.

대학의 하급학부인 인문학부facultas artium에서는 일곱 자유학과artes liberales, 즉 문법, 수사학, 논리학의 3학trivium과 산술, 기하학, 천문학, 음악의 4과quadrivium를 배웠다. 이는 오늘날 문과와 이과 구분의 원형이라고 볼 수 있다. '자유'라고 칭한 이유는 그러한 지식을 얻은 사람은 무지로부터 자유롭기 때문이었다. 일곱 자유학과 외에도 윤리학, 형이상학, 자연철학의 3철학을 배울 수 있었다. 이어 세 개의 상급학부(신학, 법학, 의학)에서는 고급 직업 교육을 받았다. 법학은 시민법과 교회법을 가리키는 2법으로 구성되었고, 일반적으로 의술보다는 높고 신학보다는 낮은 것으로 여겼다.

● ● ●

20 노에 게이지 지음, 이인호 옮김. 『과학인문학으로의 초대』. 오아시스. 2017. pp. 50-55

따라서 19세기 이후와 달리 중세 시기에는 박사학위를 받는 데 독창적인 연구나 논문은 필요하지 않았으며, 단지 학교 주변 지역의 거주 기간이나 시험이 중요했다. 19세기 초 베를린 대학의 설립을 필두로 일어난 교육 혁신 이후 오늘날과 같은 학위 체계가 자리 잡기 시작했다. 대학에 연구 기능이 도입되면서 본격적으로 대학이 지식 생산에 앞장선 것이다. 이러한 독일의 학위 체계는 19세기 중반을 지나면서 미국에서도 예일 대학을 중심으로 받아들이기 시작했다.

교육과정을 뜻하는 커리큘럼curriculum은 '경로course'라는 단어의 어원에서 나온 용어로 고대 육상경기에 빗댄 은유적 표현이다.[21] 즉 커리큘럼은 학생들이 따라 달려야 하는 길이었다. 또한 커리큘럼은 '배우다discere'에서 나온 학과discipline의 순서 또는 체계였다. 중세 때 discipline은 수도원이나 군대의 고행 규율 또는 징벌과 관련 있었다. 중세 대학에서의 '학부faculty'는 19세기에 이르러 '학과department'의 형태로 제도화되었다.

전통과 혁신이라는 대립적인 관점에서 대학을 바라볼 때 흥미로운 양상을 보여준다. 초기 대학은 수도원과 마찬가지로 새로운 지식의 발견이 아니라 전수에 전념했다. 하지만 대학이 전통에만 충실했던 것은 아니었다. 혁신적인 요소들을 과감하게 수용하기도 했다. 대학에 세워진 해부학 극장Theatrum Anatomicum, 식물원, 천문대, 실험실 등은 대학이라는 전통적 구조 속에서 드문드문 피어난 혁신의 꽃이었다. 이를 토대로 17세기와 18세기를 거치면서 대학은 지적 혁신의 핵심 장소로 자

21 피터 버크 지음, 박광식 옮김. 『지식: 그 탄생과 유통에 대한 모든 지식』. 현실문화연구. 2006. pp.157-159

리매김했다.

막스 베버(Max Weber, 1864~1920)가 『직업으로서의 학문Science as a Vocation』에서 학자의 소명을 논하기 훨씬 전에 케임브리지 대학의 아이작 배로는 그의 논문 「근면함에 관하여」에서 "학자의 직분은 진리를 발견하고 지식을 획득하는 것"이라고 했다. 여기서 지식은 뻔하고 통속적인 것이 아니라 숭고하고 난해하며 복잡하여 일상적인 관찰이나 감각 경험으로는 파악하기 힘든 주제들에 관한 것을 뜻했다. "연구를 하는 학자들은 이성과 더 강력한 펜 말고는 자기 위에 아무것도 두지 않는다는 점에서 통치자들만큼이나 자유롭다"는 독일의 평론가 요한 크리스토프 고트셰트(Johann Christoph Gottsched, 1700~1766)의 주장에서 당시 학자의 정체성과 자의식을 찾아볼 수 있다.[22]

마지막으로 소개할 지식을 다루는 공간은 실험실이다. 실험은 근대 과학의 주된 특징 중 하나일 뿐만 아니라 근대 과학의 이념인 객관성과 합리성을 지지하는 역할을 담당해왔다. 오늘날 실험실은 과학 지식을 생산하는 가장 강력하고 효율적인 공간으로 자리 잡았다. 하지만 우리가 알고 있는 실험실은 19세기 이후의 산물이다.

실험실을 뜻하는 'laboratory'의 어원은 노동 업무나 수도원의 작업장을 가리키는 '라보라토리움laboratorium'에서 유래한 것으로 보인다.[23] 르네상스 이후 'laboratorium'은 연금술사의 작업장을 뜻하게 되었다. 연

22 피터 버크 지음, 박광식 옮김. 『지식: 그 탄생과 유통에 대한 모든 지식』. 현실문화연구. 2006. pp.58-61

23 Crosland M. Early laboratories c.1600 – c.1800 and the location of experimental science. Ann Sci. (2005) 62, 233-253; Hannaway O. Laboratory design and the aim of science: Andreas Libavius versus Tycho Brahe. Isis. (1986) 77, 584-610

금술사는 물질세계에 대한 인식을 토대로 자연의 변성 과정을 통제하려 했다. 베네딕트 수도회의 모토로 잘 알려진 "기도하고 일하라Ora et Labora"는 연금술사의 모토이기도 했다.

이러한 모토는 도구도 중요하지만 정작 과학적 진보를 이끄는 것은 영감과 고된 노동이라는 산티아고 라몬 이 카할(Santiago Ramón y Cajal, 1852~1934)의 생각과도 맞닿아 있는 듯하다. 17세기 후반 실험철학이 등장하면서 laboratorium은 자연에 관한 보편적 지식 또는 현상 이면의 질서, 즉 '스키엔티아scientia'를 획득하는 공간으로 바뀌었다. 이러한 실험실은 최초의 실험과학의 순교자이자 철학자 프랜시스 베이컨의 지적 야심과도 잘 부합되는 공간이었다.[24]

경험주의의 어원인 'empiric'은 원래 중세 말부터 뚜렷한 이론이나 근거 없이 의술을 행하던 의사를 가리키는 단어였다. 베이컨은 『학문의 진보The Advancement of Learning』에서 질병의 원인이나 제대로 된 치료법도 모르면서 단순한 경험에만 의존하는 의사를 크게 비난했다. 현실세계에 귀 기울이지 않는 철학도 문제이지만 감각 경험을 통해 구체화된 것으로부터 일반적인 결론을 도출하지 않는 것 역시 마찬가지라고 생각했기 때문이다.

'연구research'는 짐작하듯이 탐색search에서 나온 말로, 원래는 수사나 심문 등을 가리켰다.[25] 18세기 말에 이르러 연구는 인문학, 자연철학, 의학과 같은 학문 분야와 관계없이 사용되는 일상적인 용어가 되었다.

● ● ●

24 이언 해킹 지음, 이상원 옮김. 『표상하기와 개입하기』. 한울아카데미. 2005. pp.403-426

25 피터 버크 지음, 박광식 옮김. 『지식: 그 탄생과 유통에 대한 모든 지식』. 현실문화연구. 2006. pp.85-93

또한 연구라는 말과 함께 법 집행과 관련된 '조사investigation'라는 단어의 의미가 확장되면서 널리 사용되기 시작했다. 증거evidence나 사실fact이나 심리enquire라는 단어 역시 원래는 법률가들이 다루는 용어였다. '실험experiment'은 시험 일반을 가리키다가 자연에 관한 지식을 얻는 체계적인 수단으로 의미가 축소되었다. 이와 비슷한 의미로 갈릴레오 갈릴레이(Galileo Galilei, 1564~1642)는 '시금하다assay'라고 표현하기도 했다.

이러한 모습은 자연에 관한 탐구를 통해 새로운 지식을 발견하는 일이 체계적이고 직업적으로 변해갔음을 보여주는 것이기도 하다. 특히 단순한 호기심에서 현상을 구제하는 데 그치는 것이 아니라 현상 이면의 질서를 찾는 연구로 전환되었음을 보여준다. 마침내 범죄 사실과 피의자를 조사하고 심문하는 사람이 법률가라면 자연을 조사하고 심문하는 사람이 바로 과학자가 된 것이다. 흥미롭게도 근대 과학의 정신을 대표하는 베이컨은 제임스 1세(James I, 1566~1625) 시절에 대법관을 역임했다. 특히 베이컨이 강조했던 실험은 과학혁명에서 결정적인 역할을 했고, 자연에 관한 지식에 접근하는 체계적인 수단이 되었다.

지금은 의생명과학 분야에서 기계적 작동원리인 메커니즘mechanism 또는 기전을 연구하지 않으면 논문을 발표하는 것이 쉽지 않다. 기전 없는 현상은 신뢰하기 어렵기 때문이다. 기계적이라는 'mechanical'은 원래 아무런 생각을 할 필요가 없을 정도로 '단순하다'라는 뜻을 지닌 부정적 단어였다. 하지만 베이컨의 시대 이후로 기계 기술이 중요해지면서 정확함을 뜻하는 긍정적 단어로 사용되기 시작했다.[26]

19세기에 접어들어 실험실이 과학 지식을 생산하고 확장하는 핵심

26 노에 게이치 지음, 이인호 옮김. 『과학인문학으로의 초대』. 오아시스 2017. pp.114-119

공간으로 떠오르면서 '실험실 혁명'이라는 큰 변화가 일어났다. 1826년 독일 기센 대학의 화학자 유스투스 폰 리비히(Justus von Liebig, 1803~1873)는 교육과 연구를 통합한 실험실 체제를 구축했다. 이에 주목하여 미국 존스홉킨스 대학의 초대 총장 대니얼 길먼(Daniel Gilman, 1831~1908)은 실험실 교육, 즉 연구를 통한 교육의 이상을 바탕으로 미국 최초로 연구 중심 대학의 기틀을 마련했다. 이후 지식을 구하는 방법을 가르치는 실험실 교육은 전 세계적으로 대학원 제도의 전형으로 자리 잡았다.

실험실 체제가 본격적으로 구축되자 실험에 대한 여러 가지 질문들이 쏟아지기 시작했다. 리비히는 관념이 실험에 선행한다는 생각을 가지고 있었다.[27] 하지만 실험에 앞서 반드시 추측(가설)이나 이론이 있어야만 하는 것일까? 실험 결과는 늘 선행 이론에 의존하여 해석할 수밖에 없을까? 실험 결과는 완전무결하게 가설을 지지할 수 있을까? 이런 질문들에 대한 대답은 앞으로 나올 내용에서 마주하게 될 것이다.

이제 실험실은 과학자로서의 삶이 시작되는 공간이 되었다. 따라서 실험실은 과학 지식을 생산하고 확장하는 공간 그 이상의 의미를 가질 수밖에 없다. 다양한 가치가 개입되어 있기 때문이다. 연구 주제나 방법은 경력 개발이나 미래 비전과도 직결된다. 연구책임자 또는 지도교수의 가치관이나 명성에 따라 실험실 분위기나 여건이 크게 달라진다. 그러므로 사회문화적, 정치경제적 관점에서도 실험실을 이해하지 않으면 과학 연구의 현실을 제대로 파악하기 어렵다. 이러한 문제는 실험실 생활에 적응하지 못하는 이유 가운데 큰 비중을 차지한다.

오늘날 과학 연구가 실험실에서 진행되려면 연구비 확보는 필수적

27 이언 해킹 지음, 이상원 옮김. 『표상하기와 개입하기』. 한울아카데미. 2005. pp.264-268

이다. 현재 연구비는 대학교의 주 수입원 중 하나이기도 하다. 연구비 실적은 교수의 업적과 명성에 곧잘 비례하기 때문에 연구 공동체를 승자독식 구조로 보기도 한다. 교수는 연구비를 통해 업적과 명성을 쌓고, 학생은 교수를 통해 미래 비전을 실현한다. 따라서 연구비를 매개로 실험실에서 교수와 학생이 결집하는 자본 매개적 구조를 이루는데, 이는 현대 과학이 실제로 작동하는 방식이기도 하다. 사실 학문 연구에서 건물, 재단, 기금과 같은 물질적 요소의 중요성은 베이컨도 인식했을 만큼 오래되었다.

이렇게 보면 실험실은 역사적 공간이 된다. 실험실은 과학적 방법으로 지식을 다루고 확장시키려 했던, 그럼으로써 세계를 이해하고자 했던 원대한 기획의 역사적 산물이기 때문이다. 지금은 비록 콘크리트 건물 속에 첨단 과학 장비로 둘러싸여 있지만 말이다. 흥미롭게도 베이컨이 살았던 시대에 'history'라는 단어는 역사라기보다 관찰이나 실험을 통한 체계적인 탐구 기록이나 보고 자료를 의미했다.[28] 이런 공간에서 실험을 하고 논문을 쓴다는 것은 어떤 의미가 있을까? 우리는 논문의 의미를 잊은 채 눈앞의 작은 성과에만 너무 집착하고 있는 것은 아닐까? 그렇다면 과연 과학자로서의 역사적 사명과 책임을 다하고 있다고 말할 수 있을까?

앙투안 드 생텍쥐페리(Antoine de Saint-Exupéry, 1900~1944)는 "만일 당신이 배를 만들고 싶다면 사람들을 모아 목재를 가져오게 하고 일을 나누고 할 일을 지시하지 말고, 저 광대한 바다에 대한 동경심을 키워줘라"고 말했다. 우리는 과연 어떤 과학자를 길러내고 있을까?

28 베리 가우어 지음, 박영태 옮김. 『과학의 방법』. 이학사. 2013. p.13, p.82

05 최초의 과학 학술지

진화론의 수호자로서 다윈의 불도그로도 잘 알려진 토머스 헉슬리(Thomas Huxley, 1825~1895)는 1866년 '자연 지식의 향상에 대한 조언On the Advisableness of Improving Natural Knowledge'을 주제로 진행한 강의에서 "전 세계의 모든 책이 파괴되더라도 〈철학회보Philosophical Transactions〉만 남아 있다면 물리학의 근간은 흔들리지 않을 것이며, 지난 두 세기 동안 이뤄낸 거대한 지적 진보는 대부분 기록으로 남겨졌다고 할 수 있다"고 주장했다.

〈철학회보〉가 도대체 무엇이기에 헉슬리는 이토록 칭송을 아끼지 않았던 것일까? 이를 좀 더 잘 이해하려면 먼저 〈철학회보〉를 둘러싼 시대적 배경과 맥락을 살펴볼 필요가 있다. 이는 과학적 세계관의 혁명적 변화와 맞물려 있기 때문이다. 그 핵심에는 가설을 확증하는 방법으로서 엄밀한 형태의 근대적 실험을 창시한 과학자, 갈릴레오 갈릴레이가 있다.

아리스토텔레스(Aristoteles, 기원전 385~기원전 322)가 "물체는 왜 낙하하는가?"라는 질문을 던졌다면 갈릴레이는 "물체는 어떻게 낙하하는가?"라는 질문을 던졌다. 갈릴레이가 던진 질문의 요지는 자연에서 일어나는 현상을 아리스토텔레스처럼 존재론적이나 목적론적으로 설명하는 것이 아니라 정량적으로 서술한 것이었다. 갈릴레이의 생각은 "측정 가능한 모든 것을 측정하라. 측정이 힘든 모든 것을 측정 가능하게 만들어라"는 말로 요약할 수 있다. 갈릴레이에게 자연은 수학의 언어로 쓰인 책이었다. 이는 고대 과학 체계가 무너지고 근대 과학의 모습을 갖추게 된 '과학혁명the Scientific Revolution'의 특징을 단적으로 보여주는 것이기도 했다.

하지만 중세에서 물려받은 스콜라 철학의 세계관은 생각보다 훨씬 공고했다. 17세기에도 여전히 대학은 아리스토텔레스의 신봉자들로 가득 채워져 있었다. 그들은 사람과 마찬가지로 자연 역시 규범적인 법칙을 따른다고 생각했다. 따라서 근대 유럽의 대학은 근대 과학의 개념에 그다지 우호적이지 않았고, 관찰과 실험을 통해 세계를 새롭게 이해하고 새로운 지식을 생산하기보다 여전히 지식을 전승하는 역할이 강했다.

이러한 상황에서 과학혁명을 이끈 주역들은 스콜라 학자들을 경멸했고 대학과 별도로 학회society를 꾸려 활동하기 시작했다. 그렇다고 해서 당시 과학자들을 완벽한 근대성의 화신으로 착각해서는 안 된다. 여전히 갈릴레이는 별점을 봤고 아이작 뉴턴(Isaac Newton, 1643~1727)은 오랫동안 연금술에 빠져 있었다. 1660년 11월 28일 영국 그레셤 칼리지Gresham College에서 첫 모임을 연 학회는 1662년 찰스 2세(Charles II, 1630~1685)로부터 '자연과학 진흥을 위한 런던 왕립학회The Royal Society of London for the Promotion of Natural Knowledge'로 공인받기에 이르렀다.

"누구의 말도 곧이곧대로 취하지 마라Nullius in verba"는 왕립학회의 모토는 사물의 본질은 말이 아니라 수학과 실험으로 사실과 법칙을 발견해야 하는 것임을 확고히 보여주는 것이었다. 특히 이 모토는 아리스토텔레스의 말을 그대로 믿지 말라는 의미도 강했다. 왕립학회의 설립은 당시 새롭게 등장한 실험철학을 발전시킨 계기가 되었고, 무엇보다도 프랜시스 베이컨의 야심찬 지적 기획을 구체화하게 되었다. 베이컨은 세심한 관찰이나 감각적 경험을 통해 구체화된 것들로부터 일반적인 결론을 도출하는 귀납적 방법이야말로 새로운 지식을 생산하는 가장 확실한 방법이라고 믿었다.

왕립학회에서 로버트 훅(Robert Hooke, 1635~1703)이 실험을 감독하는 관리자curator로 지명되었다. 그는 현미경이 시각적 환상을 불러일으킨다는 잘못된 믿음을 말끔하게 털어냈고 최초로 세포를 가리켜 'cell'이라고 이름 붙인 실험가이기도 했다.[29] 이렇듯 실험을 중요하게 여겼다는 사실은 왕립학회에서 베이컨의 이상을 옹호하고 실현하기 위해 처음부터 구체적으로 계획했음을 보여준다.[30] 실험이 지식에 이르는 왕도가 된 것이었다.

● ● ●

29 Lawson I. Crafting the microworld: how Robert Hooke constructed knowledge about small things. Notes Rec R Soc Lond. (2016) 70, 23-44

30 베리 가우어 지음, 박영태 옮김. 『과학의 방법』. 이학사. 2013. pp.77-124

이후 왕립학회는 새로운 과학적 지식을 승인하고 확산하는 데 핵심적인 기구가 되었다. 『왕립학회의 역사History of the Royal Society』를 쓴 토머스 스프래트(Thomas Sprat, 1635~1713)는 신사gentleman들은 묶여 있지 않고 자유롭기 때문에 자연철학 연구에서 그들의 역할이 중요하다고 했다. 카를 만하임(Karl Mannheim, 1893~1947)도 지적했듯 지식인은 상대적으로 계급으로부터 자유로운 계층이었다. 이는 오늘날 논문 실적에만 사로잡혀 있거나 유명 학술지에 예속된 삶을 사는 과학자들에게 화두를 던지는 것이기도 하다.

왕립학회는 사실 느닷없이 나타난 최초의 과학협회나 학술원은 아니었다. 과학 단체의 전신으로 볼 수 있는 모임들이 16세기 중반에 이미 나타나기 시작했다. 초창기 과학협회인 '실험아카데미Accademia del Cimento'가 갈릴레이의 제자들이 주축이 되어 1657년 피렌체에 설립되었다.[31] 실험아카데미의 모토는 "노력하고 다시 노력하라Provando e riprovando"로 이는 실험하고 확인하라는 뜻이었다. 그러나 실험아카데미는 공식적인 기구로 발전하지 못한 채 10년 만에 사라졌다. 이와 달리 왕립학회는 오늘날까지도 존속하고 있다.

흔히 학술지의 역사는 학회의 역사와 함께한다. 이후에 다시 다루겠지만 이는 토머스 쿤(Thomas Kuhn, 1922~1996)의 패러다임과 관련된 문제이기도 하다. 전문 분야의 과학자들이 학회를 결성하는 것은 패러다임의 수용과 공유에 관련 있고 이들의 자의식은 학술지를 통해 표출되기 때문이다. 쿤의 표현을 빌리자면 학회에 소속된 대부분의 과학자들

● ● ●

31 Beretta M. At the source of western science: the organization of experimentalism at the Accademia del Cimento (1657-1667). Notes Rec R Soc Lond. (2000) 54, 131-151

은 학술지에 논문을 발표하면서 평생에 걸쳐 패러다임을 명료화하는 데에 헌신을 다한다.

왕립학회가 결성되고 3년이 지난 1665년 과학 정기간행물scientific periodical인 〈철학회보〉가 발간되었다. 대부분의 역사학자들은 〈철학회보〉가 최초의 그리고 가장 오랜 기간 동안 발행된 과학 정기간행물이라는 데 이의를 제기하지 않는다. 로버트 훅이 〈철학모음집Philosophical Collections〉으로 학술지 이름을 잠시 바꾸었을 때와 영국에서 명예혁명Glorious Revolution이 일어났을 때를 잠시 제외하고는 지금까지 꾸준히 발행되고 있다.[32]

로버트 보일(Robert Boyle, 1627~1691), 아이작 뉴턴, 고트프리트 라이프니츠(Gottfried Leibniz, 1646~1716), 벤저민 프랭클린(Benjamin Franklin, 1706~1790), 헨리 캐번디시(Henry Cavendish, 1731~1810), 험프리 데이비(Humphrey Davy, 1778~1829), 마이클 패러데이(Michael Faraday, 1791~1867), 찰스 다윈, 제임스 클러크 맥스웰(James Clerk Maxwell, 1831~1879) 등 이름만 들어도 알 수 있는 쟁쟁한 과학자들이 〈철학회보〉를 통해 세상을 이해하는 방식을 바꾸어 놓았다. 19세기까지 〈철학회보〉는 유럽에서 매우 중요한 과학 전문 학술지였다. 〈철학회보〉의 350년 역사는 왕립학회 웹페이지(https://royalsociety.org/publishing350/)에서도 확인할 수 있다.

사실 〈철학회보〉는 과학적 주제를 다룬 최초의 정기간행물이 아니었다. 〈철학회보〉가 처음 발행된 1665년 3월 6일보다 두 달 빠른 1665년 1월 5일 프랑스에서 데니스 드 살로(Denis de Sallo, 1626~1669)가 창간한

32 Andrade ENC. The birth and early days of the Philosophical Transactions. Notes Rec R Soc Lond. (1965) 20, 9-27

〈주르날 데 사방Journal des Scavans〉이 먼저 등장했다.[33] 중세 불어인 'scavant'는 'scavans'의 단수형으로 '현명한 사람'을 뜻한다.

하지만 이 정기간행물은 원고의 주제를 과학에 국한하지 않고 문학, 법률 및 신학적 소재까지 다루었다. 따라서 진정한 의미에서 과학 전문 학술지로 보기는 어렵다. 또한 〈주르날 데 사방〉은 오래 지속되지 못하고 1799년 역사 속으로 사라졌다. 반면 〈철학회보〉는 과학 분야에 관련된 주제만을 다루었다. 그렇기에 최초의 과학 정기간행물이라는 영예는 〈철학회보〉에 돌아가게 되었다.

헨리 올덴버그(Henry Oldenburg, 1619~1677)는 〈철학회보〉의 역사를 이야기할 때 빼놓아서는 안 될 인물이다. 올덴버그는 독일 브레멘에서 태어나 네덜란드 위트레흐트를 거쳐 영국 옥스퍼드에서 공부를 했다. 언어적 재능이 뛰어나 모국어는 물론이요, 불어, 이탈리아어, 라틴어를 유창하게 구사했다. 뿐만 아니라 영어에도 능통해서 존 밀턴(John Milton, 1608~1674)은 그에게 가장 완벽한 영어를 구사하는 외국인이라고 찬사를 보낼 정도였다.

올덴버그는 영국 귀족 자제의 가정교사로 일했고, 당시 영국에서 가장 부유한 집안이었던 보일의 조카를 가르치기도 했다. 이러한 능력과 경력 덕분에 올덴버그는 과학자(당시 자연철학자)는 아니었지만 유럽 전역의 지성인이나 과학자들과 활발하게 교류할 수 있었다.

1660년 런던에 정착한 올덴부르크는 최초의 왕립학회 총무secretary가 되었다. 그가 쌓은 수많은 자연철학자와의 인적 네트워크는 이때부터 비로소 엄청난 힘을 발휘하기 시작했다. 올덴버그는 그들에게 편지를

● ● ●

33 Singleton A. The first scientific journal. Learned Publishing. (2014) 27, 2-4

보내 최근에 밝혀진 과학적 지식을 수집하는 데 열중했다. 왕립학회의 모든 서신은 올덴버그를 거쳐 교환이 이루어졌다. 따라서 모든 과학 지식은 올덴버그를 통한다고 해도 어색하지 않을 정도였다.

올덴버그는 서신 교환 네트워크를 기반으로 구독자를 모집하여 돈을 벌어 보려는, 당시로서는 획기적인 지식 사업을 기획했다. 정기간행물의 이름은 〈세계의 여러 지역에서 활동 중인 기발한 사람들의 지식과 연구 및 노력에 대해 설명하는 철학회보Philosophical Transactions Giving Some Account of the Present Understanding, Studies, and Labours of the Ingenious in Many Considerable Parts of the World〉로 지었다.[34]

사실 16세기와 17세기의 영국은 책을 주로 수입해왔고, 유럽 대륙에 비해 도서 시장이 상당히 낙후되어 있었다.[35] 이런 점을 감안한다면 왕립학회의 설립이나 〈철학회보〉의 탄생은 조금 흥미롭다. 18세기 중반까지도 영국에는 제대로 된 큰 출판사가 없었다. 근대 생리학의 출발을 알린 윌리엄 하비(William Harvey, 1578~1657)의 『동물의 심장과 혈액의 운동에 관하여Exercitatio Anatomica de Motu Cordis et Sanguinis in Animalibus』(1628)도 영국이 아닌 독일의 프랑크푸르트에서 출판되었다.[36] 그럼에도 런던은 영국의 수도이자 교역이 활발한 항구였으므로 지식 교류가 왕성하게 이루어졌다.

지식이 거래의 대상이자 제품으로 취급되기 시작한 것은 고대 그리

• • •

34 Garner D. Celebrating 350 years of Philosophical Transactions: physical sciences papers. Philos Trans A Math Phys Eng Sci. A. (2015) 373, 20140472

35 피터 버크 지음, 박광식 옮김. 『지식의 사회사 1: 구텐베르크에서 디드로까지』. 민음사. 2017. pp.253-256

36 O'Rourke Boyle M. William Harvey's anatomy book and literary culture. Med Hist. (2008) 52, 73-91

스의 소피스트에게서 찾아볼 수 있을 만큼 오래되었다. 마르쿠스 툴리우스 키케로(Marcus Tullius Cicero, 기원전 106~기원전 43)는 지식을 하나의 소유물로 보기도 했다. 표절을 뜻하는 단어 'plagiarism'은 원래 고대 로마에서 노예를 훔쳐간 사람을 가리켰다. 1709년 영국에서는 저작권법이 제정되었는데, 이는 당시 지식에 대한 인식이 어떠했는지를 보여주는 것이기도 하다.[37] 흥미롭게도 스프래트는 『왕립학회의 역사』에서 '지식의 은행'과 같은 경제적 은유를 많이 사용했다.

시대를 앞서 야심차게 기획했던 올덴버그의 지식 사업은 개인 사업으로는 성공하지 못했지만 과학 발전에는 엄청난 기여를 했다. 〈철학회보〉는 곧 왕립학회의 공식 회보가 되었고 왕립학회의 과학적 성과를 싣는 학술지로 발전했다. 서신에서 발췌한 내용, 최근에 출간된 서적의 요약과 검토, 영국과 유럽 전역 과학자들의 관찰과 실험에 대한 설명 등이 〈철학회보〉의 주 내용을 이루었다. 대부분 영어로 작성되었으나 천문학과 수학 논문은 라틴어로 작성되었다.

특히 〈철학회보〉는 그 당시 최근에 이루어진 과학적 발견에 초점을 맞추어 종료된 연구보다 현재 진행 중인 연구를 주로 다루었다. 또한 경험적 관찰이나 측정을 아주 정확하게 기록하는 것이 자연을 이해하는 데 매우 중요하다고 여겼다. 〈철학회보〉에 실린 초기 논문들은 특별히 구조화되거나 표준화된 형식이 아닌, 편지 형식이었다. 이러한 점에서 보면 분류와 구조화는 늘 복잡성의 증가에 따른 반작용의 결과로 나타나는 측면이 강하다.

● ● ●

37 피터 버크 지음, 박광식 옮김. 『지식의 사회사 1: 구텐베르크에서 디드로까지』. 민음사. 2017. pp.229-234

유럽의 과학자들은 〈철학회보〉를 통해서 그들의 새로운 발견과 지식을 공유했고, 공식적으로 우선권을 인정받게 되었다. 무엇보다도 이 정기간행물은 과학자들이 공간적, 지리적 장벽을 뛰어넘어 '학식의 공화국'이라는 가상의 학문 공동체를 형성하고 자의식을 높이는 데 큰 역할을 했다.

〈철학회보〉는 창간하면서부터 의학 논문을 다루었고, 18세기 초에 들어서자 라틴어로 쓴 의학적 주제의 논문들을 본격적으로 다루기 시작했다. 따라서 의생명과학 전문 학술지의 기원을 〈철학회보〉에서 찾아도 무방할 듯하다.

어느덧 왕립학회의 명성은 〈철학회보〉의 명성과 떼어놓을 수 없는 관계가 되었다. 1720년 이후 수준 낮은 논문이라며 조너선 스위프트(Jonathan Swift, 1667~1745)나 존 힐(John Hill, 1714~1775) 등이 조롱하는 일이 벌어졌다. 그러자 왕립학회는 1752년부터 직접 〈철학회보〉를 발행하기 시작했고 1786년 학술지 이름을 〈왕립학회 철학회보Philosophical Transactions of the Royal Society〉로 변경했다.[38] 연구의 질적 수준 유지에 대한 고민을 제도적으로 해결하기 시작한 것이다.

18세기 중반 왕립학회는 논문의 질을 높이기 위해 논문 게재 여부를 결정하는 위원회를 꾸렸다. 이때 윌리엄 헤베르덴(William Heberden, 1710~1801)이 의학 분야의 심사위원을 맡아 〈철학회보〉에 실리는 의생명과학 논문의 질을 높이고 표준을 세우는 데 크게 기여했다.[39] 1830

38 Partridge L. Celebrating 350 years of Philosophical Transactions: life sciences papers. Philos Trans R Soc Lond B Biol Sci. B. (2015) 370, 20140380

39 Booth CC. Medical communication: the old and new. The development of medical journals in Britain. Br Med J (Clin Res Ed). (1982) 285, 105-108

년 후반에 들어서 논문 심사제도가 더욱 정교해지기 시작했고 편집인을 포함하여 2명 이상의 심사자들이 논문의 내용을 평가했다.

과학적 발견의 깊이와 범위가 전례 없이 확장되자 〈철학회보〉도 1887년부터 두 분야로 나누어 발행하기 시작했다. 수학과 물리학 등의 분야는 〈철학회보-A〉로, 의학과 생물학 등의 분야는 〈철학회보-B〉로 하여 지금까지 유지되고 있다.

이렇게 350년이 넘은 오래된 학술지의 영향력지수impact factor는 얼마나 될까? 이후에 다시 살펴보겠지만, 먼저 학술지의 영향력지수를 간략하게 설명하면, 피인용 횟수를 바탕으로 해당 학술지가 과학자들에게 얼마나 큰 영향력을 미치고 있는지를 정량적으로 평가하는 일종의 척도이다. 오늘날 과학자의 삶에 가장 깊은 영향을 미치는 단 하나의 요인을 꼽으라고 한다면, 주저 없이 영향력지수를 꼽을 것이다.

〈철학회보-A〉의 경우 영향력지수는 2013년 2.864, 2014년 2.147, 2015년 2.441, 2016년 2.970, 2017년 2.746을 기록했다. 〈철학회보-B〉의 경우 2013년 6.314, 2014년 7.055, 2015년 5.847, 2016년 5.846, 2017년 5.666을 기록했다. 왜 두 분야 영향력지수의 차가 클까? 이 정도 영향력지수이면 얼마나 뛰어난 학술지일까? 역사와 전통을 자랑하는 학술지를 놓고 영향력지수를 언급하는 것 자체가 불경스럽다는 생각이 들기도 한다. 아무튼 이러한 질문에 대한 답은 뒷부분에서 다시 다루기로 한다.

마지막으로 몇 가지 사실을 살펴보면 왕립학회와 〈철학회보〉는 어느 정도 개방적으로 운영되었음을 알 수 있다. 지식인은 자유로운 계층이었기에 그리고 과학은 합리적 세계관을 바탕으로 했기에 개방과 공유가 가능했을 것이다. 앞서 말했듯 독일 출신의 올덴버그는 영국 왕립학회의 총무이자 〈철학회보〉의 편집인으로 활동하면서 유럽 전역의 지식을 수집했다.

이탈리아의 마르첼로 말피기(Marcello Malpighi, 1628~1694)도 왕립학회 회원으로 활동했다. 말피기는 근대 생리학의 아버지로 불리는 윌리엄 하비의 혈액 순환 이론에 관한 논란에 종지부를 찍은 인물이다. 현미경으로 개구리 허파에서 동맥과 정맥을 연결하는 모세혈관을 발견하여 혈액 순환의 해부학적 원리를 규명했기 때문이다.[40] 한편, 왕립학회는 당시 영향력이 엄청났던 뉴턴의 입자설과 상반되게 빛의 파동설을 주장한 네덜란드의 크리스티안 하위헌스(Christian Huygens, 1629~1695)를 외국인으로서는 처음으로 왕립학회 회원으로 받아들였다.

또한 학력이나 출신에 구애받지 않고 과학자로서의 능력을 인정해 주기도 했다. 미생물학의 아버지로 불리는 안톤 판 레이우엔훅(Antonie van Leeuwenhoek, 1632~1723)은 대학 교육도 제대로 받지 못했지만 현미경 기술의 개발과 함께 뛰어난 관찰력으로 눈에 보이지 않는 미시세계를 개척해 나갔다. 그는 50년에 걸쳐 왕립학회로 600통에 이르는 편지를 보냈고 자신이 직접 개발한 현미경을 기증하기도 했다. 왕립학회는 과학에 대한 그의 열정을 인정하여 레이우엔훅을 왕립학회 회원으로 받아들였다.[41]

이처럼 왕립학회와 〈철학회보〉는 과학혁명을 통해 세계를 바라보는

● ● ●

40 West JB. Marcello Malpighi and the discovery of the pulmonary capillaries and alveoli. Am J Physiol Lung Cell Mol Physiol. (2013) 304, L383-L390

41 Lane N. The unseen world: reflections on Leeuwenhoek (1677) 'Concerning little animals'. Philos Trans R Soc Lond B Biol Sci. (2015) 370, 20140344

방식을 변화시킨 주역들에 의해 탄생되었고 개방적으로 운영되었다. 그렇기에 과학의 정신적 뿌리는 이러한 변화와 개방에서 찾아야 할 것이다. 그렇다면 오늘날의 과학은 어떤 정신이 지탱하고 있을까? 우리는 혹시 변화와 개방을 두려워하는 것은 아닐까? 이런 정신사적 기반을 잃어버리고도 과학이 발전할 수 있을까? 우리는 새로운 과학 질서를 찾기 위해 노력하고 있는가?

앨프리드 화이트헤드(Alfred Whitehead, 1861~1947)는 "발전의 기술이란, 변화 중에서 질서를 유지하는 것이고 질서 중에서 변화를 유지하는 것이다"라고 말했다.

<철학회보>, 그 이후

〈철학회보Philosophical Transactions〉의 성공으로 새로운 과학 학술지들이 속속 등장하기 시작했다. 〈철학회보〉가 발간된 지 350년이란 시간이 흐른 지금 동료 평가peer review가 이루어지는 과학 학술지는 3만 종에 이르고 매년 3백만 편을 훨씬 웃도는 논문이 발표되고 있다. 뿐만 아니라 과학 출판도 진화를 거듭해서 〈철학회보〉에 비해 논문 형식이나 작성 방식 등도 크게 바뀌었다.

과학적 발견을 다루는 논문의 형식이 바뀐다는 것은 무엇을 의미할까? 시대에 따라 과학적 방법이나 과학의 속성이 바뀌었다는 것을 뜻할까? 어떤 요인들이 이러한 변화를 일으켰을까? 과학 지식의 축적이 학술지의 논문 형식을 바꾸는 '되먹임 기전'이 존재하는 것일까? 과학 출판의 역사 속에서 일어난 변화를 살펴보면 이러한 질문에 대한 대

답과 함께 과학 지식이 어떻게 생산되고 확산되고 수용되었는지에 대한 힌트를 얻게 될 것이다.[42]

먼저 〈철학회보〉가 처음 발간된 17세기에 활동했던 과학자는 다방면에 두루 능통한 제너럴리스트generalist 또는 박식가였다. 하지만 과학에서 다루는 주제가 점점 세분화되고 전문화되면서 과학은 분과학문으로 자리 잡기 시작했다. 이와 더불어 과학 학술지 역시 세분화되고 전문화되었다. 18세기 말에 이르자 학술지마다 특정 주제를 중점적으로 다루기 시작했다. 이런 분위기를 반영하듯, 영국의 의사 토머스 영(Thomas Young, 1773~1829)은 다방면에 능통했던 마지막 제너럴리스트로 묘사되었다.

분석이라는 용어는 근대 초에 등장했으나 18세기 중반을 지나면서 여러 학문 분과에서 자주 사용하기 시작했다.[43] 대개 분석은 어떤 대상을 부분으로 쪼개는 것을 뜻했다. 따라서 과학에서 분석은 자연을 분해해서 살피는 것으로 화학에서 주로 하는 물질 성분 분석을 떠올리면 된다. 우리의 감각기관은 정확도가 많이 떨어지고 측정에도 한계가 있어 분석할 때 실험 도구를 활용해 이런 점들을 보완해 나갔다.

19세기 중반에 이르자 분과 학문으로 나뉜 과학 현실에 맞춰 학과 조직이 대학에 들어서기 시작했다. 이렇게 되자 학술지의 분화와 전문화 경향은 훨씬 더 심화되었다. 현재 〈사이언스〉나 〈네이처〉를 제외한 대부분의 과학 학술지는 매우 한정되고 전문화된 독자층을 겨냥하고

42 Mack CA. 350 Years of Scientific Journals. J. of Micro/Nanolithography, MEMS, and MOEMS. (2015) 14, 010101

43 피터 버크 지음, 박광식 옮김. 『지식의 사회사 2: 백과전서에서 위키백과까지』. 민음사. 2017. pp.87-90

있다. 그러면서 각 학술지는 패러다임을 공유하는 과학자들의 학문적 공동체를 대표하게 되었다. 하지만 서로 다르게 분화한 종은 더 이상 교배되지 않듯 학문 분과를 달리한 과학자들은 이제 서로 대화조차 힘든 사이가 되고 말았다.

〈철학회보〉가 발간될 당시 의학적 주제가 차지한 비중은 약 15퍼센트밖에 되지 않았다. 그 이후로 의생명과학 분야에도 특화된 학술지가 등장하기 시작했다.[44] 코펜하겐 의대 해부학 교수 토마스 바르톨린(Thomas Bartholin, 1616~1680)이 주축이 되어 1673년 최초로 의생명과학 분야만 전문적으로 다룬 학술지 〈Acta Medica et Philosophica Hafniensia〉를 창간했다. 이어 프랑스에서는 의생명과학 전문 학술지로 1679년 〈Nouvelles Découvertes sur toutes les parties de la Médecine〉이, 영국에서는 1684년 〈Medicina Curiosa〉가 창간되었다.[45] 미국은 독립혁명 이후인 1797년 〈Medical Repository〉가 창간되었다.[46]

초기의 의생명과학 전문 학술지에서는 환자 한 명 한 명을 관찰한 사례 연구가 주로 다루어졌으나, 해부병리학의 시대를 연 조반니 모르가니(Giovanni Morgagni, 1682~1771)의 영향에 힘입어 18세기 말에 이르러 환자를 나누고 묘사하는 중요 기준으로써 증상이 아닌 해부병리를 본격적으로 다루기 시작했다.

• • •

44 Loscalzo J. The future of medical journal publishing: the journal editor's perspective: looking back, looking forward. Circulation. (2016) 133, 1621-1624; Marta MM. A brief history of the evolution of the medical research article. Clujul Med. (2015) 88, 567-570

45 Colman E. The first English medical journal: Medicina Curiosa. Lancet. (1999) 354, 324-326

46 Kahn & Kahn. The Medical Repository-the first U.S. medical journal (1797-1824). N Engl J Med. (1997) 337, 1926-1930

초기 과학 논문은 대부분 1인칭 시점에서 능동형 문장으로 작성되었다. 문장은 화려하고 문학적인 경우가 많았고 한 문장과 절이 상당히 길었으며, 대부분 정량적이라기보다 정성적으로 기술했다. 그러나 과학이 실험 기기를 기반으로 기계적 객관성을 추구하면서 점점 1인칭 대명사가 사라지고 수동형 문장이 주로 사용되었으며 문장 구조가 단순해졌다. 또한 개인적 견해를 피력하는 부분도 점차 자취를 감추었다.

초창기 논문은 어느 정도 학식을 갖추면 누구나 이해할 수 있을 만큼 쉬운 용어들로 작성되었지만 과학의 전문화와 함께 전문용어와 줄임말이 대거 등장하면서 훈련받은 과학자라야만 논문의 내용을 이해할 수 있게 되었다. 이처럼 문장 구조가 단순해지고 전문용어가 주로 사용되면서 전문가들은 서로서로 매우 효율적으로 지식을 교환하고 유통할 수 있게 되었다. 하지만 그런 만큼 과학과 사회는 더 멀어졌다.

〈철학회보〉가 처음 발간된 당시의 과학은 베이컨식 경험주의Baconian empiricism에 따라 편견 없는 경험적 관찰을 통해 사실을 수집하는 것이었다. 따라서 목격한 경험적 사실의 신뢰성을 높이기 위해 시간순으로 아주 자세히 묘사하는 방식을 취했다. 신뢰성의 문제를 해결하기 위해 실험을 지켜본 사람들의 수를 늘리는 것도 하나의 방법이었지만 이는 상당히 제한적일 수밖에 없었다. 그렇기 때문에 누구나 실험 진행 과정을 생생하게 떠올릴 수 있도록 실험 기구를 포함하여 실험 절차를 최대한 상세히 기술했다.

이와 달리 요즘은 아주 간략하고 핵심적인 실험 절차만 작성하는 것이 일반적이다. 이는 기기회사에서 판매하는 실험 장비에 의존함과 동시에 실험 방법이 상당히 표준화된 영향이 크다. 또한 시약회사에서 판매하는 키트 형태의 제품이 광범위하게 쓰이는 것도 한 요인이다. 실험 절차를 간결하게 작성하는 대신 요즘은 서론이나 토론을 통해 연구의 임상적 중요성과 유용성을 납득시키는 데 중점을 둔다.

그렇다고 예전처럼 아주 상세하게 기록하는 전통이 완전히 사라진 것은 아니다. 지면으로는 볼 수 없지만 인터넷으로 접근 가능한 보충 정보 형태로 실험 방법과 절차를 최대한 상세히 쓰도록 요구하는 학술지도 많이 있다. 따라서 "기술description이 과학을 증진하는 유일한 길"이라고 했던 뷔퐁 백작(Comte de Buffon, 1707~1788)의 말은 지금도 여전히 유효하다.

과학 논문에서 헤지hedge 표현, 즉 완화적 또는 순화적 표현이 늘어나는 경향은 과학에 대한 인식과 시각이 변하고 있음을 보여준다. 계몽주의 사상가들에 의해 과학이라는 관념은 이상화되고 합리성과 객관성의 신화로 굳어졌다. 하지만 이는 유럽 전통사회의 종교적 열망과 크게 다르지 않다. 이런 열망과 달리 과학 이론은 새로운 발견과 증거에 따라 얼마든지 수정될 수 있다는 한시적 특징을 지닌다. 무엇보다도 실험 기구를 이용한 측정에는 오차가 있을 수밖에 없고 세포나 동물 실험은 더더욱 정밀성precision이나 변동계수coefficient of variation의 문제가 생길 수밖에 없다.

그렇기 때문에 과학자는 'seems, may, relatively, approximately, it is assumed, it is believed, to our knowledge, from our point of view'와 같은 헤지 표현을 활용하여 완곡하게 주장을 펼치면서 직접적 책임을 줄이고 비판을 누그러뜨리고자 한다. 로버트 보일은 최초로 헤지 표현을 사용한 과학자로, 자신의 논문에서 'perhaps, it seems, it is not improbable'과 같은 표현으로 명제나 주장의 참에 대해 다툼의 여지를 남겼다. 이러한 헤지 표현은 현대 과학에서 실험적 측정의 한계나 제한된 지식을 전달하는 대표적인 언어학적 도구로 자리 잡았다.

최초의 과학 논문은 표준화된 형식 없이 일반적인 편지 형식을 띠었다. 편지처럼 논문에 인사와 서명이 들어갔다. 실험 연구 역시 특별한 형식 없이 시간순에 따라 매우 서술적 방식으로 작성되었다. 17세기 말에 이르자 논문 제목title이 등장했고 일부 논문에서는 섹션을 나누어 소제목section heading을 붙이기 시작했다. 즉 논문이 구조화되기 시작했고 이에 따라 지식 전달의 효율성도 높아졌다.

18세기와 19세기를 거치면서 관찰 사실을 단순히 보고하는 데에 그치는 것이 아닌, 관찰 자료나 실험 자료를 해석하는 연구가 차지하는 비중이 점점 더 늘어났다. 즉 자연을 관찰하는 사람이 아니라 자연을 조사하고 심문하는 사람이 바로 과학자가 된 것이다. 관찰을 하더라도 매우 세세하고 체계적으로 진행되는 규율이 잡혔다. 이에 따라 19세기 후반 이후의 과학 논문은 서론과 고찰을 통해 자신의 이론을 주장argument하고 설명하는 형식을 띠게 되었다. 마침내 이론, 실험, 해석 및 분석, 고찰로 이루어진 구성이 나타난 것이다.[47]

실험을 통해 자연을 조사하기 시작하자 무엇을 조사해야 할지에 대한 가설이 중요해졌고 이 가설을 확인하기 위해 여러 가지 실험 방법이 동원되기 시작했다. 의생명과학 분야에서 최초의 근대적 실험이라 할 수 있는 프란체스코 레디(Francesco Redi, 1626~1697)의 자연발생설 실험

47 Audisio et al. Successful publishing: how to get your paper accepted. Surg Oncol. (2009) 18, 350-356

도 가설을 확인하기 위해 수행된 일종의 통제실험이었다. 실험 절차를 상세히 작성하는 경향과 맞물려 논문의 길이가 점점 늘어나기도 했다. 실험을 시도하려는 근거rationale가 점점 더 중요하게 부각되었고 선행 연구에 대한 비판이 두드러지게 나타나기 시작했다. 이에 따라 다른 과학자들의 이론이나 견해를 수용하느냐 거부하느냐의 문제가 연구 과정에서 핵심적인 요소로 자리 잡았다.

"실험은 우리의 생각이 옳다는 것을 입증하기 위해서가 아니라 생각의 오류를 통제하기 위해서 하는 것이다"라는 클로드 베르나르(Claude Bernard, 1813~1878)의 말에서 실험 정신의 핵심이 잘 드러난다.[48] 베르나르는 "과학의 출발점은 관찰이고, 종착점은 실험이며, 그 결과로 발견되는 현상들은 합리적 추론으로 인식할 수 있다"라고 했다.[49] 이처럼 그에 의해 체계화된 실험의학은 질병의 원인과 기계적 원리를 규명하는 데도 크게 기여했다.

이러한 변화들은 논문 형식의 변화로 이어졌다. 20세기 중반에 이르러 거의 모든 의생명과학 학술지는 'IMRAD', 즉 서론, 방법, 결과 및 고찰Introduction, Methods, Results, And Discussion이라는 구조로 논문을 작성하게 되었다. 이런 모듈module 형태의 논문 구조는 쉽고 빠르게 논문 내용을 파악하기에 유리하다. 이러한 변화는 지식 습득의 효율성이라는 측면에서 볼 때, 오늘날 경쟁으로 바쁘고 지친 과학자들의 요구와도

48 Claude Bernard (translated by Henry Copley Greene). An Introduction to the Study of Experimental Medicine. Dover Publication Inc. 1957. p.38

49 Normandin S. Claude Bernard and an introduction to the study of experimental medicine: "physical vitalism," dialectic, and epistemology. J Hist Med Allied Sci. (2007) 62, 495-528; Noble D. Claude Bernard, the first systems biologist, and the future of physiology. Exp Physiol. (2008) 93, 16-26

잘 들어맞는다.

하지만 이러한 구조에 맞추어 논문을 작성하려면 새로운 과학적 발견에 이르는 과정을 있는 그대로 쓰는 것이 불가능하기 때문에 발견 과정을 재구성해야 하는 상황이 벌어질 수밖에 없다. 그것도 도무지 빈틈을 보이지 않는 철저하고 완벽한 방식으로 재구성해서 필연적으로 결론에 다다를 수밖에 없는 것처럼 묘사한다. 1960년 노벨 생리의학상을 받은 영국의 피터 메더워(Peter Medawar, 1915~1987)는 1963년 한 강연에서 "과학 논문은 사기일까?Is the scientific paper a fraud?"라는 질문으로 이러한 상황을 우회적으로 지적한 바 있다.50

이는 물론 진짜 사기라는 말이 아니다. 실제 이루어진 연구 과정과 논문에 제시된 과정 사이의 간극이 그만큼 크다는 뜻이다. 즉 과학 논문은 재구성의 산물이므로 과학적 발견을 이끄는 생각의 과정을 완전히 오해하게 만든다는 면에서 일종의 사기라는 의미였다.

가설을 세우고 생각을 발전시키고 연구를 진행하는 과정 속에서 일어나는 일 그대로 논문에 쓰는 것이 아니라 철저히 재구성하는 방식으로 작성한다. 논문은 마치 가설을 선행 연구 논문의 검토 속에서 논리적 방식으로 명료하게 도출하고, 이에 따라 엄밀한 실험을 아주 질서정연하게 진행하여 과학적 성취를 이룬 것처럼 잘못된 인상을 전달한다.

하지만 실제 연구 과정은 생각보다 훨씬 뒤죽박죽이다. 심지어 몇 가지나 되는 가설이나 논문의 전개 방식을 두고 어떤 것을 선택할지 고민하기도 한다. 심지어 특정 학술지에 게재가 거절되면 다른 학술지

50 Howitt & Wilson. Revisiting "Is the scientific paper a fraud?" EMBO Rep. (2014) 15, 481-484; Calver N. Sir Peter Medawar: science, creativity and the popularization of Karl Popper. Notes Rec R Soc Lond. (2013) 67, 301-314

에 투고할 때에는 가설이나 전개 방식을 완전히 바꾸기도 한다. 그러다 보니 논문을 검토하면 실제 어떻게 연구가 이루어졌는지 제대로 알 수가 없는 일이 벌어지기도 한다. 또한 연구를 수행하는 중에 직면한 문제나 이를 해결하기 위해 고민한 과학자의 모습은 논문에서 찾아볼 수 없다. 게다가 과학 논문에는 잘못된 판단이나 황당한 실수나 엉뚱한 생각이나 문득 떠오른 영감 등도 전혀 다루지 않는다.

이는 파편 상태의 데이터를 어떻게 나열하느냐에 따라 논문의 흐름 또는 전개가 크게 달라질 수 있음을 의미하기도 한다. 그래서 의생명과학 분야의 과학자들은 흔히 '스토리텔링'이 중요하다는 말을 많이 한다. 하지만 스토리를 잡아 나가는 과정이나 방식에 대해서는 어디에도 쓰여 있지 않을뿐더러 정확하게 말로 표현하는 것도 쉽지 않다. 이런 것이 바로 암묵적 지식 또는 사적 지식에 해당한다. 암묵적 지식은 쉽게 말이나 글로 표현되지 않기 때문에 공유하기 어렵고, 표현되더라도 자칫 소실되기 쉽다.

한편, 우리는 지금 표나 그래프 형태로 실험 데이터를 제시하는 것을 당연하게 여긴다. 하지만 초기 과학은 정성적이었기에 이런 도구를 거의 사용하지 않았다. 설사 실험 데이터가 있다 해도 표나 그래프 없이 본문에 글로 설명하는 경우가 대부분이었다. 논문에 그림을 넣으면 비용 부담이 늘어나는 것도 이러한 경향에 한몫했다. 20세기 초까지 그림이 실리지 않은 논문이 많았다. 자세한 실험 방법 묘사가 중요했던 17세기와 18세기에는 논문에 실린 그림은 관찰한 사물이나 실험에 사용한 기구를 그린 것이 대부분이었다.

오늘날 논문에서 찾아볼 수 있는 그래프는 19세기의 발명품이다. 일반적으로 우리는 표보다 그래프에 훨씬 더 빨리 반응한다. 표에는 주로 구체적인 수치를 기록하는데, 전체 인류 진화의 역사에서 볼 때 우리가 수를 다룬 것은 아주 최근의 일이다. 그렇기 때문에 아직 우리의 뇌는 수를 익숙하게 다루는 데 적응하지 못했다. 따라서 표를 꼼꼼히 보는 것은 본능적으로 힘든 일이다. 그렇기에 표를 제대로 이해하려면 많은 에너지를 써야 한다.

반면, 나무에서 내려와 사방이 트인 땅 위 생활을 하기 시작한 조상 인류에게 재빠른 패턴 인식 능력은 생존과 번식에 매우 유리했으므로 패턴을 잘 살피게끔 진화해왔다.[51] 이러한 패턴 인식 능력은 낮밤의 길이나 기온과 강수량의 패턴을 알아차리는 데 큰 도움이 되었고, 이는 농업혁명이 가능하도록 해주었다. 그래서 우리는 현재 그래프에 사용하는 점과 무늬와 같은 패턴을 보고 파악하는 데 본능적으로 익숙해져 있다. 따라서 수치를 일일이 확인할 수 있는 표는 우리의 이성적 사고를, 그림 패턴을 한 눈에 파악할 수 있는 그래프는 직관과 감각적 사고를 자극한다고 볼 수 있다.

선형이든 막대든 아니면 어떤 형태이든 그래프로 데이터를 시각화하면 보는 이로 하여금 쉽게 패턴을 찾게 해준다. 하지만 패턴을 찾는 것보다 정작 더 중요한 것은 의미를 드러내는 일이다. 이런 일은 x축과 y축에 달린 라벨이 한다. 라벨은 변수의 특성을 설명해준다. 주로 x축 라벨은 독립변수, 즉 원인이 되고 y축 라벨은 종속변수, 즉 결과에 해당된다. 따라서 그래프는 변수들 사이의 관계를 시각화하여 보

51 데이비드 헬펀드 지음. 노태복 옮김. 『생각한다면 과학자처럼』. 도서출판 길벗. 2017. p.132, p.201

여주는 방식이다.

자연현상을 측정하여 수치를 부여한 것은 근대 초기에 이르러서야 본격적으로 시작되었다. 신체 기능 역시 정량적 실험과 측정을 통해 얻은 수치로 분석하고 해석하기 시작했다. 산토리오 산토리오(Santorio Santorio, 1561~1636)는 1614년에 발표한 『의학의 척도De Statica Medicina』에서 신체 변화를 알아내기 위해 대사저울 의자로 음식물의 섭취량과 배설량을 측정한 결과를 보여주었다.[52]

사실 수치화나 정량화가 처음부터 단순하고 쉬운 작업은 아니었다. 기준점, 일관성, 정밀성 등의 어렵고 복잡한 문제를 해결해야만 했다. 기준이 없는 상태에서 탐구를 해야 하고, 결과가 나오더라도 타당성을 확인할 기준이 없는 곤란한 상황에 직면하기도 했다. 인간의 감각 경험과 측정 기구를 토대로 경험을 확장하면서 지식의 타당성을 검토하고 개선하는 '인식적 반복epistemic iteration'을 거치면서 오늘에 이르렀다.[53] 완벽함, 완전함, 확실성에 대한 강박에 사로잡혔다면 측정의 문제는 도저히 해결할 수 없는 일이었다.

18세기에 발표된 논문 속의 그림을 보면 당시 과학자들이 실제 자연을 있는 그대로 재현한 것이 아니라 전형적representative이고 이상적인 특징을 포착하여 재구성한 것임을 알 수 있다.[54] 19세기에 접어들어 실험 기구로 데이터를 생산하면서 기계적 객관성을 추구하기 시작

52 Eknoyan G. Santorio Sanctorius (1561-1636)—founding father of metabolic balance studies. Am J Nephrol. (1999) 19, 226-233

53 장하석. 『과학, 철학을 만나다』. 지식채널. 2014. pp.113-118

54 홍성욱 외. 『21세기 교양』, 과학 기술과 사회. 나무나무. 2016. pp.224-234

했다. 그렇다면 이때부터는 18세기와 달리 기계적으로 이미지를 선택하기 시작했을까?

실험 기구를 이용하여 기계적으로 그림을 수집하더라도 과학자들은 논문에 실을 그림이 가설이나 주장하는 것과 부합하는지를 따져가면서 전형적인 이미지를 선택하여 논문에 싣는다. 이는 이미지를 생산하는 작업에 과학자들이 적극적으로 개입한다는 뜻이다. 만약 기계적으로 이미지를 선택한다면 그 차이를 보여주는 것이 쉽지 않다. 어떤 그림을 선택할 것인가에 대한 판단력은 실험실에서 이루어지는 경험과 훈련에서 얻는 암묵적 영역이기도 하다.

17세기까지 과학 논문에서 다른 문헌을 인용하는 경우는 찾아보기 어려웠다. 18세기 말에 이르러서야 다른 문헌을 인용하는 논문이 전체 논문의 절반 정도에 이르렀다. 하지만 이때는 본문에서 직접 인용하거나 각주footnote에 표기하는 것이 일반적이었다.

20세기 초까지 인용을 포함하는 논문이 전체의 4분의 3 정도였고, 그것도 대부분은 각주에 표기했다. 20세기 중반 이후에야 거의 모든 학술지에서 논문 형식에 '참고문헌'을 추가했고, 각주가 아니라 논문의 제일 끝부분에서 찾아볼 수 있게 되었다. 나중에 다시 나오겠지만 이러한 변화는 학술지의 영향력지수impact factor 탄생에 매우 중요한 자양분이 되었다.

출판물에 자신의 이름을 기록하기 시작한 시점은 수메르 도시국가로부터 건설된 아카드 제국의 시대로 거슬러 올라간다.[55] 제국의 황제

55 Cronin B. Hyperauthorship: a postmodern perversion or evidence of a structural shift in scholarly communication practices? J Am Soc Inf Sci Technol. (2001) 52, 558-569

사르곤(Šarru-kinu,기원전 2350~기원전 2330년경)의 딸 엔헤두안나(Enheduanna, 기원전 2285~기원전 2250년경)는 사랑과 전쟁의 여신 이난나를 칭송하는 시를 점토판에 새기면서 마지막에 자신의 이름을 새겼다. 시대에 따라 그리고 연구 주제에 따라 익명이나 필명으로 자신의 문헌을 발표하기도 했지만, 요즘 논문에는 과학자의 본명이 반드시 들어가야 한다.

초기에는 저자와 편집인의 역할이 명확하게 정해져 있지 않았다. 편집인에게 보낸 편지가 수정 없이 그대로 발표되기도 했지만 어떤 경우에는 편집인이 상당 부분 수정하거나 가공한 후 발표되기도 했다. 19세기에 이르러서야 저자의 역할과 책임이 명확해지기 시작했다.

〈철학회보〉가 발간된 이후부터 1920년까지 하나의 논문은 한 명의 저자가 쓰는 것이 일반적인 원칙이었다.[56] 20세기 초만 하더라도 98퍼센트 이상의 논문이 단독 저자였다.[57] 대부분의 논문에서 과학자 한 명이 과학적 발견에 대한 책임을 온전히 떠안았다. 1950년대에 들어서면서 이러한 원칙이 상당히 깨졌고 여러 명이 논문의 저자로서 이름을 올리기 시작했다. 1980년 이후 의생명과학 분야의 논문에서 단독 저자의 논문은 거의 찾아보기 어려워졌다. 21세기에 들어 1천 명 이상의 과학자들이 거대 그룹을 이루어 연구를 진행한 다국가, 다기관, 다학제 논문이 발표되기 시작했다.

저자가 늘어나게 된 이유는 복합적이다. 학문이 너무나 세분화되어 협업을 하지 않고서는 문제 해결이 쉽지 않다. 같은 세부 전공이라도 실험 방법이 워낙 다양하기 때문에 혼자서 모든 실험 방법을 익히고

56 Greene M. The demise of the lone author. Nature. (2007) 450, 1165

57 Shaffer E. Too many authors spoil the credit. Can J Gastroenterol Hepatol. (2014) 28, 605

사용하기가 어렵다. 심지어 한 실험실 안에서도 실험 방법을 중심으로 분업화가 일어나기도 한다. 또한 경쟁이 심화되고 가속화되면서 과학자들은 협업으로 생산성을 높이고 있다. 특히 의생명과학 분야의 경우 환자의 진단, 치료, 예방 방법을 개선하려면 필연적으로 협업해야만 하는 상황이 되었다.

20세기 중반을 지나면서 과학자의 수가 크게 늘어나자 각 학술지의 편집인은 논문 형식을 표준화할 필요성을 절감하게 되었다. 1978년 캐나다 밴쿠버에서 의생명과학 학술지 편집인들이 모여 비공식 모임을 가졌다. 이른바 '밴쿠버 그룹Vancouver Group'이었다. 여기서 그들은 의생명과학 학술지에 게재되기 위한 논문의 이상적인 형식과 지침에 관한 일종의 권고안을 마련했다.

이후 규모를 키운 밴쿠버 그룹은 공식기구인 국제 의학학술지 편집인위원회International Committee of Medical Journal Editors, ICMJE로 발전했고, '의생명과학 학술지에 투고된 원고의 통일 양식Uniform Requirements for Manuscripts Submitted to Biomedical Journals'을 발표했다.[58] 이후 이 통일 양식은 몇 차례 개정되었으며, 자세한 내용은 웹사이트 "http://www.icmje.org"에서 확인할 수 있다.

동료 평가를 통해 원고를 심사하는 과정은 비교적 최근에 공식 절차로 자리 잡았다.[59] 필사로 지식을 전달하는 중세 때는 필사본과 이전 자료를 비교 검토하는 동료 평가가 이루어졌다. 동료 평가 절차를 최

58 International Committee of Medical Journal Editors. Uniform Requirements for Manuscripts Submitted to Biomedical Journals. N Engl J Med. (1997) 336, 309-315

59 Burnham JC. The evolution of editorial peer review. JAMA. (1990) 263, 1323-1329

초로 작성한 기록물은 이스하크 빈 알리 알 라위(Ishaq bin Ali Al Rahwi, 854~931)의 저서 『의사의 윤리Ethics of the Physician』이다.[60] 그는 이 책에서 의사는 환자의 상태를 기록으로 남겨 환자가 치료되었거나 사망했을 때 다른 동료 의사들에게 평가받게 해야 한다고 썼다. 이러한 동료 평가 제도가 학술지 논문 검토에 적용된 것은 18세기의 일이었다. 1731년 에든버러에서 발행된 〈의학 수필과 관찰Medical Essays and Observations〉은 동료 평가를 편집정책으로 명시한 첫 학술지였다.

투고된 논문을 심사하게 된 이유는 황당하거나 수준 낮은 논문에 대한 반작용으로 나타난 면이 컸다. 황당한 논문의 사례를 보면, 고대 바빌론과 이집트 사람들은 자신의 배 속에 파충류나 양서류가 살고 있다고 믿었는데 이런 내용이 17세기 이후의 학술지에도 발표되었다. 17세기부터 19세기까지 의학 학술지에 보고된 60여 건의 사례에서 18건이 도마뱀, 17건이 뱀, 15건이 개구리, 12건이 두꺼비에 관한 사례였다.[61]

1752년 왕립학회는 다섯 명으로 이루어진 논문심사위원회Committee on Papers를 두어 어떤 논문을 〈철학회보〉에 실을 것인지를 심사하기 시작했다.[62] 또한 전문성을 담보하기 위해 왕립학회 회원 중에서 전문가를 초빙하기도 했다. 이러한 변화는 주로 논문의 질과 신뢰성에 대한 비판의 결과였다. 그렇다 해도 일반적으로 19세기까지는 학술 편집인이 논문 검토를 맡았다.

우리에게 익숙한 동료 평가는 제2차 세계대전 이후에 자리 잡은 체

• • •

60 Spier R. History of the peer-review process. Trend Biotechnol. (2002) 20, 357-358

61 Bondeson J. The bosom serpent. J R Soc Med. (1998) 91, 442-447

62 Kronick DA. Peer review in 18th-century scientific journalism. JAMA. (1990) 263, 1321-1322

계이다.[63] 〈사이언스〉와 〈미국 의학협회 저널Journal of the American Medical Association〉에는 1940년대까지 외부 심사위원이 관여하여 논문 게재 여부를 결정하는 시스템이 없었다. 〈란셋Lancet〉과 〈네이처〉에도 1970년대가 지나서야 외부 심사위원이 논문 심사를 하는 시스템이 확고히 자리 잡았다. 왓슨과 크릭은 DNA의 이중나선 구조를 밝힌 논문을 1953년 4월 2일 〈네이처〉에 투고했는데, 23일 뒤인 4월 25일에 발표되었다. 당시에는 지금과 같은 외부 심사위원 제도가 제대로 갖추어져 있지 않아 신속하게 논문이 발표될 수 있었다.

1817년 지질학자 조지 그리너프(George Greenough, 1778~1855)는 당시 법학도를 뜻했던 'referee'를 심사위원이라는 뜻으로 처음 사용하기 시작했다.[64] 동료 평가를 뜻하는 'peer review'는 원래 누가 과학 연구의 재정적 지원을 받아야 하는지를 결정하기 위한 정부기관의 절차에서 따온 용어이다. 동료 평가가 심사위원 시스템referee system으로 자리 잡으면서 이 절차는 오늘날 과학계가 작동하는 방식을 상징하게 되었다. 하지만 학술지별, 심사위원별 심사의 강도 차이, 심사위원의 편견, 기존 패러다임에 갇히는 경향, 이해 상충의 문제 등 여러 문제점을 안고 있는 것도 사실이다.[65]

마지막으로 동료 평가 제도가 자리를 잡은 데에 또 다른 중요한 요소가 있다. 바로 복사기 기술이나 우편물 배송 서비스의 발전과 같은

63 Farrell et al. Ancient texts to PubMed: a brief history of the peer-review process. J Perinatol. (2017) 37, 13-15

64 Csiszar A. Peer review: troubled from start. Nature. (2016) 532, 306-308

65 Benos et al. The ups and downs of peer review. Adv Physiol Educ. (2007) 31, 145-152

외적 요인이다. 게다가 이메일이나 인터넷을 이용한 논문 투고 시스템은 논문 검토와 출판에 걸리는 시간을 엄청나게 단축시켰다. 물론 지식의 순환 속도가 빨라지면서 연구 업적 생산에 대한 경쟁과 압박이 그만큼 커지는 부작용(?)도 낳았다. 속도가 지배하는 세상이기에 때론 느림의 미학이 더욱 그립기도 하다.

07 최근 30년

흥미롭게도 1903년에 완공된 미국 상무부Department of Commerce의 건물에는 실험 연구와 지식의 전파를 통해 산업과 통상의 이익을 증진하겠다는 상무부의 의도가 새겨져 있다.[66] 과학 연구의 의미와 목적이 단순히 실험실에만 갇혀 있는 것이 아님을 뜻한다. 이는 달리 보면, 대학이 영리를 추구하고 파우스트적 딜레마에 빠지는 미래를 예견한 것이기도 하다.

과학의 중요성이 대중에게 각인된 계기는 두 차례의 세계대전이었다. 이러한 배경 속에서 물리학은 제2차 세계대전 후 비약적인 발전을

66 피터 버크 지음, 박광식 옮김. 『지식의 사회사 2: 백과전서에서 위키백과까지』. 민음사. 2017. pp.191-196

이루었다. 1945년에 작성된 버니바 부시(Vannevar Bush, 1890~1974)의 『과학: 끝없는 프런티어Science: The Endless Frontier』 보고서에는 과학에 대한 기대와 열망이 고스란히 반영되어 있다. 그는 특히 실제적 목적을 고려하지 않고 수행되는 '기초연구'의 중요성을 강조하기도 했다.[67]

물리학은 근대 과학의 발전에서 핵심적인 역할을 하면서 과학은 곧 물리학이라는 느낌마저 갖게 했다. 하지만 냉전시대의 종말은 곧 물리학의 황금기가 쇠퇴하는 전환점이 되었다. 이어 사회가 안정화되고 발전하면서 건강과 삶의 질에 관한 문제가 크게 떠올랐다. '암과의 전쟁'이나 '인간 유전체 사업'은 성배를 찾고 싶은 대중의 욕구를 만족시키고 흥분시키기에 충분한 매력이 있었다. 질병에 대한 불안과 공포 심리 속에서 의생명과학은 지난 30년간 과학 분야에서 가장 빠르고 인상적인 발전을 이루어냈다.

의생명과학 분야에 연구비가 쏟아졌고 일자리가 늘어났으며 연구 인력이 몰려들었다. 새로운 학술 모임과 학술지가 늘어났고 이에 따라 발표 논문도 넘쳐났다. 의생명과학의 전성시대가 열렸음을 아무도 부인하지 않았다. 다만 의생명과학이라는 제국이 얼마나 어디까지 더 팽창할 수 있을까에 궁금해했다. 그러나 혁신이 일상화되지 않고서는 끝없이 지속가능한 성장을 기대하기란 힘든 법이다.[68] 또한 대니 밀러(Danny Miller, 1947~)가 말한 '이카루스 역설Icarus paradox'처럼 성공했던

● ● ●

67 Fang & Casadevall. Lost in translation: basic science in the era of translational research. Infect Immun. (2010) 78, 563-566; Frazzetto G. The changing identity of the scientist. EMBO Rep. (2004) 5, 18-20

68 Alberts et al. Rescuing US biomedical research from its systemic flaws. Proc Natl Acad Sci USA. (2014) 111, 5773-5777; Daniels RJ. A generation at risk: young investigators and the future of the biomedical workforce. Proc Natl Acad Sci USA. (2015) 112, 313-318

방식을 고집하다가 결국 발목을 잡히는 경우도 많다.

일자리가 포화상태에 이르자 인력의 수요와 공급에 불균형이 나타났고, 그동안 감춰졌던 의생명과학 분야의 문제들이 본격적으로 드러나기 시작했다. 실직 상태에서 인슐린을 연구하여 1923년 노벨 생리의학상을 받은 프레더릭 밴팅(Frederick Banting, 1891~1941)의 이야기는 오늘날에는 더 이상 유효하지 않다.

다른 과학자보다 더 좋은 논문을 더 많이 써내야 취업, 연구비, 승진의 기회가 보장되는데 〈네이처〉나 〈사이언스〉와 같은 엘리트 학술지 또는 영향력이 큰 학술지high impact journal에 실리는 논문의 편 수는 거의 늘어나지 않았다. 더군다나 미국의 경우 2003년을 기점으로 연구비 규모도 더 이상 늘어나지 않았다.[69] 따라서 치열한 경쟁이 벌어질 수밖에 없는 상황에 처하고 말았다.

이런 상황은 의생명과학 분야의 논문에 많은 변화를 가져왔다.[70] 경쟁이 과열되다 보니 연구의 완성도를 엄청나게 높여야만 엘리트 학술지에 게재되었다. 점차 많은 연구비가 필요해졌고 연구 기간이 늘어날 수밖에 없었다. 이에 양성 되먹임이 걸리자 과학자는 점점 더 완성도를 높이는 데 전력을 다해야 하는 상황에 놓였다. 과학자들의 경쟁은 학술지 편집진의 눈높이를 올려놓았고, 과학자는 취업과 승진과 연구비를 위해 조금이라도 더 완성도를 높이기 위해 애를 썼다.

문제는 그렇게 노력하더라도 엘리트 학술지에 논문이 게재되리라는

● ● ●

69 Pickett et al. Toward a sustainable biomedical research enterprise: Finding consensus and implementing recommendations. Proc Natl Acad Sci USA. (2015) 112, 10832-10836

70 Vale RD. Accelerating scientific publication in biology. Proc Natl Acad Sci USA. (2015) 112, 13439-13446

보장이 없다는 점이다. 엘리트 학술지에 게재를 거절당한 후 여러 학술지를 거치면서 투고-심사-거절을 반복하는 경우가 허다해졌다. 그러다 보면 일 년이라는 시간이 논문 투고에 매달리느라 허무하게 훅 지나가고 만다. 물론 게재가 되더라도 대부분 수정 후 게재이다. 따라서 논문 게재에 걸리는 시간이 고통스러울 정도로 길어졌다.[71] 역설적이게도 학술지가 지식의 유통을 차단하는 상황을 초래하고 만 것이다.

약간 과장하여 말하면, 엘리트 학술지에 대한 선호도가 높아지면서 과학은 자본력뿐만 아니라 학술지 편집진의 손에 따라 좌지우지되는 사태가 벌어졌다. 편집진이 연구의 유행까지 만들어낼 수 있는 막강한 권력을 쥐게 된 것이다. 과학자는 과학자대로 엘리트 학술지에 낼 만한 연구 주제를 찾으려고 더 고군분투한다. 이런 현실에 대해 문제의식을 느끼고 무언가 바꾸려고 노력하기보다 엘리트 학술지에 예속되어 학술지 편집진이 정해 놓은 기준을 맞추려고 노력한다. 취직, 승진, 연구비가 모두 논문에 걸려 있기 때문이다.

그러자 하나의 논문에서 제시하는 데이터의 양이 엄청나게 늘어났다. 특히 인터넷 환경이 발달하면서 1997년을 기점으로 논문에는 직접 실리지 않지만 웹으로 접근 가능한 보충 데이터의 요구가 더 많아졌다. 그 많은 데이터를 감당하려다 보니 학위를 받는 데 걸리는 기간뿐만 아니라 박사후과정postdoctoral 기간도 길어질 수밖에 없게 되었다. 또한 혼자서 그 많은 데이터를 다 감당하기 어려워지자 협업이 늘어나면서 저자의 수도 큰 폭으로 늘어났다. 뿐만 아니라 데이터가 많다 보

71 Powell K. Does it take too long to publish research? Nature. (2016) 530, 148-151; Raff et al. Painful publishing. Science. (2008) 321, 36

니 어떻게 데이터를 효과적으로 시각화하고 재구성할 것인가와 어떻게 하면 일목요연하게 글로 표현할 것인가에 대한 문제도 매우 중요해졌다.

학술지의 편집진이나 심사위원이 불필요하거나 때로는 새로운 논문을 쓸 만큼의 엄청난 수정을 요구해도 과학자는 투고한 논문의 게재를 승인받기 위해 군말 없이 그 요구를 들어줄 수밖에 없는 상황이 되어버렸다. 상당수의 젊은 과학자들은 연구의 완성도를 높이려다 속칭 스쿠프scoop 당해 경쟁에서 밀리면 어쩌나 하는 두려움과 불안감에 사로잡히게 되었다. 인기 있는 연구 분야일수록 이런 상황이 벌어질 가능성은 훨씬 높아졌다.

이런 암울한 상황은 제임스 왓슨과 프랜시스 크릭이 〈네이처〉에 논문을 투고하던 시절에는 상상도 못 할 일이다. 지금 같은 상황이라면 아마 왓슨-크릭의 1953년 4월 25일 〈네이처〉 논문과 같은 해 5월 30일 〈네이처〉 논문에다가 1958년 매슈 메셀슨(Matthew Meselson, 1930~)과 프랭클린 스탈(Franklin Stahl, 1929~)의 〈미국 국립과학원회보PNAS〉 논문을 합쳐야 겨우 완성도를 논할 정도라는 평가를 받을 것이다.

오늘날 과학자로 살아간다는 것이 그만큼 어려워졌다. 실험의학의 아버지로 불리는 클로드 베르나르의 인생사는 진로 선택에 관한 여러 가지 생각거리를 던져준다.[72] 그의 꿈은 원래 극작가였다. 실제 그의 첫 희곡인 『론 강의 장미La Rose du Rhône』는 어느 정도 성공을 거두었다. 하지만 두 번째 작품 『브르타뉴의 아서Arthur de Bretagne』는 실패작이 되고 말았다. 평론가 생 마르크 지라르댕(Saint-Marc Girardin, 1801~1873)은

72 전주홍 & 최병진. 『醫美, 의학과 미술 사이』. 일파소. 2016. pp.266-272

베르나르에게 극작가로서의 재능이 없으니 의학 공부를 하라고 충고했다.[73]

베르나르는 이내 꿈을 포기하고 파리 대학교 의대에 들어갔다. 하지만 그의 성적은 최하위에 머물렀고 전혀 두각을 나타내지 못했다. 졸업 후 병원에서 교육을 할 수 있는 일종의 자격시험에도 탈락했다. 이때 베르나르의 뛰어난 해부 실력을 알아본 실험생리학의 선구자 프랑수아 마장디(François Magendie, 1783~1855)가 그를 발탁했고 이를 계기로 베르나르는 실험의학자의 길을 걷게 되었다.[74]

찰스 다윈의 진로 역시 극적인 면이 있다. 의사인 그의 아버지 로버트 다윈(Robert Darwin, 1766~1848)은 아들도 의사가 되기를 원해서 그를 에든버러 대학에 보냈다. 하지만 그는 비위가 약해 의대에서 공부를 제대로 하지 못했고 끝내 학위를 받지 못한 채 의대 공부를 그만두었다. 그는 의사가 되지 않았기에 오늘날 인류의 지성사에 이름을 남길 수 있었다.

참 고민스럽다. 무조건 한 길만 묵묵히 가는 것만이 능사일까? 제대로 잘하지 못하면 빨리 포기하고 새로운 길을 모색하는 것이 좋을까? 누군가에 의해 인생이 바뀔 수 있을까? 과연 누구를 만나야 날개를 달 수 있을까?

• • •

73 Tan SY, Holland P. Claude Bernard (1813-1878): father of experimental medicine. Singapore Med J. (2005) 46, 440-441

74 Campbell WR. Claude Bernard, 1813-1878: The founder of modern medicine. Can Med Assoc J. (1963) 89, 127-131

III.

여러 갈래의 길

"어떤 과학자가 될 것인가? 어떤 과학자로 기억되고 싶은가?"

새롭게 시작할 때 흔히 던지는 질문이다. 논문을 많이 쓴 과학자? 엘리트 학술지에 논문을 게재한 과학자? 한 주제만 깊이 파고든 과학자? 주제를 넘나들며 융합을 시도한 과학자? 새로운 연구 영역을 개척한 과학자? 연구비를 많이 받은 과학자? 돈을 많이 번 과학자? 권력을 쥔 과학자? 대중적으로 인기를 얻은 과학자? 노벨상을 받은 과학자?

이러한 질문은 개인의 삶과 가치에 관련되기에 어떤 길을 선택할지에 대해서는 답하기가 참 어렵다. 과학자의 삶에 가치가 개입됨을 의아하게 생각할 사람은 없다. 그렇다면 그런 과학자의 과학 연구는 어떨까? 가치가 개입될까?

어렸을 때 사회과학과 달리 자연과학은 가치중립적이라고 배웠다. 한동안 잊고 살았던 이 기억이 논문을 쓰는 중에 문득 되살아났다. 의생명과학 연구가 생명이나 질병 현상에 대한 객관적 탐구라는 의미에서 가치중립적이라고 말할 수 있다. 하지만 이러한 현상을 설명하는 이론이 현상 자체에 내재되어 있는 것은 아니다. 과학 이론은 과학자라고 불리는 사람들이 만든 지식의 체계이다. 따라서 과학적 사실에 기반하고 있다는 점에서 상당히 신뢰할 수 있음은 분명하나 일정 부분 인위적으로 구성된 만큼 어느 정도 가치 의존적이 될 수밖에 없다.

어렵게 설명하지 않더라도 논문을 읽고 쓰다 보면 의생명과학이 가치중립적이라는 말은 신기루에 지나지 않음을 금방 알아차릴 수 있다. 논문을 쓸 때 과학자들은 관련 질병 연구가 왜 중요한지를 반드시 강조한다. 이는 명백한 가치 판단의 문제이다. 유전자 변이를 연구하더라도 질병과 연관성이 높은 유전자이어야 큰 주목을 받는다. 질병을 치료하고 건강을 추구하는 가치를 제외하고 의생명과학에 대해 어떤 말을 할 수 있을까? 그러다 보니 의미와 가치로부터 독립적인 의생명과학 논문은 상상하기 어렵다.

가치 판단의 문제가 경쟁이라는 사회적 상황과 만나면 학문적 대상이나 주제의 다양성이 훼손될 여지가 크다. 과학자로서 성공하고 출세하려면 특정 질환과 특정 유전자를 연구하는 것이 엘리트 학술지에 논문이 실리는 데 유리하니까 말이다. 뿐만 아니라 가치의 문제가 당위의 문제로 굳어질 위험도 있다.

이 책의 세 번째 부분은 이러한 문제의식에서 출발했다. 어떤 논문을 쓸 것인가라는 질문은 어떤 과학자가 될 것인가에 대한 고민과 궤적을 같이한다. 쟁점을 부각하기보다 몇 가지 사례를 통해 여러 시각에서 주제를 다루는 데 초점을 맞추었다. 하지만 이러한 사례들은 결국 논문의 영향력과 인용에 관한 문제로 귀결된다. 그만큼 영향력지수에 관한 문제는 생각거리가 많다는 뜻이기도 하다. 마지막으로 이색적이거나 문제를 일으킨 논문을 살펴보면서 이성의 승리로 포장된 과학 논문에 대한 시각에서 잠시 벗어나 보고자 했다.

과학 연구와 논문을 어떤 관점에서 바라봐야 할까? 시대적 맥락이 바뀌면 관점 역시 달라질 수 있다. 버트란트 러셀(Bertrand Russell, 1872~1970)은 "선조들의 관점에서 우리 사회를 평가한다면 우리 사회는 의문의 여지없이 매우 과학적으로 보일 것이다. 그러나 후손의 관점에서 볼 때는 정확히 반대 경우가 될 것이다"라고 말했다.

08
가장 많이 인용된 논문

발표된 논문이 과학계에 얼마나 많은 영향을 미쳤는지 어떻게 알 수 있을까? 여러 방법이 있겠지만 오늘날 과학계는 논문의 피인용 횟수를 가장 많이 활용하고 있다. 다른 과학자가 발표한 논문들을 참고하면서 문제 설정에서 가설 도출과 실험적 확증 과정을 거치기 때문이다. 과학자들은 논문을 쓸 때 이렇게 참고한 선행 논문들을 참고문헌으로 인용한다. 따라서 한 논문의 피인용 횟수는 다른 과학자 또는 과학계에 얼마나 영향력을 미쳤는지 가늠할 수 있는 하나의 잣대가 될 수 있다.

그렇다면 인류 역사상 가장 많이 인용된 논문은 과연 어떤 논문일까? 왓슨과 크릭의 DNA 이중나선 구조? 아니면 아인슈타인의 상대성 원리? 아니면 우주의 급팽창 이론? 놀랍게도 이런 논문들은 지금까지 가장 많이 인용된 논문 100편과는 한참 거리가 멀다. 더 놀라운 것은 노벨상의 영예를 가져다준 논문도 2편을 제외하고 최다 피인용 100위 논문에 들지 못했다는 점이다. 이러한 사실은 피인용 횟수와 논문의 영향력 사이의 관계가 우리의 생각만큼 그렇게 단편적이지 않음을 보여준다.

그렇다면 어떤 논문들이 최다 피인용 100위 안에 있을까? 2014년 〈네이처〉에 발표된 '최다 피인용 100위 논문The top 100 papers'이라는 기사를 바탕으로 살펴보고자 한다.[1] 이 기사는 학술정보 서비스 기업인 클래리베이트 애널리틱스Clarivate Analytics에서 보유한 데이터베이스 "웹 오브 사이언스Web of Science"를 분석한 결과를 중심으로 "구글 스칼라Google Scholar"를 분석한 결과도 곁들이고 있다. 최다 피인용 논문 100편의 리스트는 "http://www.nature.com/top100"에서 직접 확인할 수 있다.

먼저 "Web of Science"에서 검색된 과학 분야의 최다 피인용 논문 순위(1~10위)를 보면 〈표 1〉과 같다. 놀랍게도 10위 논문은 모두 4만 번 이상 인용되었다. 그렇다면 순위 100위 안에 들려면 도대체 몇 번이나 인용되어야 될까? 100위를 차지한 논문도 1만 2000번 이상 인용되었다. 참고로 A라는 논문이 1만 번 인용되었다는 말은 서로 다른 만 편의 논문에서 A라는 논문을 참고문헌으로 인용했다는 뜻이다.

만약 아직까지 학술지에 논문을 발표한 경험이 없다면 이 수치가 얼마나 큰지 제대로 와닿지 않을 것이다. 사실 한 논문이 100번 인용되는 것도 쉽지 않다. 이해를 돕기 위해 이 수치에 관해 비유적인 설

1 Van Noorden et al. The top 100 papers. Nature. (2014) 514, 550-553

| 표 1 | Web of Science의 최다 피인용 논문(2014년 10월 7일 기준)

순위	논문(저자, 논문 제목, 학술지)	발표 연도	피인용 횟수
1	Lowry et al. Protein measurement with the folin phenol reagent. *J. Biol. Chem.* 193, 265–275	1951	305,148
2	Laemmli UK. Cleavage of structural proteins during the assembly of the head of bacteriophage T4. *Nature.* 227, 680–685	1970	213,005
3	Bradford MM. A rapid and sensitive method for the quantitation of microgram quantities of protein utilizing the principle of protein-dye binding. *Anal. Biochem.* 72, 248–254	1976	155,530
4	Sanger et al. DNA sequencing with chain-terminating inhibitors. *Proc. Natl Acad. Sci. USA.* 74, 5463–5467	1977	65,335
5	Chomczynski & Sacchi. Single-step method of RNA isolation by acid guanidinium thiocyanate-phenol-chloroform extraction. *Anal. Biochem.* 162, 156–159	1987	60,397
6	Towbin et al. Electrophoretic transfer of proteins from polyacrylamide gels to nitrocellulose sheets: procedure and some applications. *Proc. Natl Acad. Sci. USA.* 76, 4350–4354	1979	53,349
7	Lee et al. Development of the Colle-Salvetti correlation-energy formula into a functional of the electron density. *Phys. Rev. B.* 37, 785–789	1988	46,702
8	Becke AD. Density-functional thermochemistry. III. The role of exact exchange. *J. Chem. Phys.* 98, 5648–5652	1993	46,145
9	Folch et al. A simple method for the isolation and purification of total lipides from animal tissues. *J. Biol. Chem.* 226, 497–509	1957	45,131
10	Thompson et al. Clustal W: improving the sensitivity of progressive multiple sequence alignment through sequence weighting, position-specific gap penalties and weight matrix choice. *Nucleic Acids Res.* 22, 4673–4680	1994	40,289

명을 곁들이면 다음과 같다.

"Web of Science"는 1900년 이후 발표된 6천만 편에 이르는 문헌 자료를 확보하고 있다. 이 자료들의 첫 쪽(두께를 약 0.1밀리미터로 가정한다)을 모두 프린트해서 차곡차곡 쌓아올리면 그 높이는 산 정상의 높이가 5895미터인 킬리만자로산과 거의 맞먹는다. 그렇다면 1000번 이상 인용된 논문은 산 정상에서 얼마나 아래로 내려갈까? 이런 논문은 대략 1만 5000편 정도로 약 1.5미터에 해당된다. 1만 번 이상 인용된 논문들은 대략 150편 정도로 산 정상에서 1.5센티미터밖에 내려가지 않는다. 100번 이상 인용된 논문도 대략 110만 편으로 전체 논문의 2퍼센트도 채 되지 않는다.

이제 다시 〈표 1〉을 보면 이 논문들이 얼마나 대단한지 제대로 실감할 수 있을 것이다. 이 표는 2014년 데이터(〈네이처〉 기사에서 발췌했다)를 기준으로 작성한 것이라 현재 순위는 약간 달라졌을 수도 있다. 최근 순위가 궁금하면 재미삼아 직접 검색해서 확인해보기를 바란다. 특히 "Web of Science"와는 달리 잠시 뒤에 등장하는 "Google Scholar"는 누구나 무료로 사용할 수 있는 도구이다.

과학 분야에서 전문적인 지식을 조금 쌓았다면 〈표 1〉의 순위에서 몇 가지 두드러진 특징을 포착할 수 있을 것이다. 우선 7위와 8위 논문을 제외한 나머지 8편은 의생명과학 분야의 논문이라는 점이다. 의생명과학 논문의 집중 현상은 최다 피인용 논문 100위까지 확장해도 그리 다르지 않다.

이를 두고 의생명과학이 다른 과학 분과보다 더 인기가 좋다거나 유용하다는, 섣부르고 위험한 해석은 하지 말라. 여기에서 매우 주의해야 할 점이 있다. 학문 분야별로 학문적 특성, 연구자와 학술지의 수, 참고문헌 인용 방식 등이 다르기 때문이다.

이와 관련한 이야기를 조금 더 보태면 다음과 같다.[2] 먼저 '인용 밀

2 Garfield E. The history and meaning of the journal impact factor. JAMA. (2006) 295, 90–93

도citation density'의 문제가 있다. 인용 밀도란 논문 한 편이 평균적으로 얼마나 많은 참고문헌을 인용하는가에 관한 것이다. 학문 분야에 따라 학술지의 인용 밀도가 다르다. 예를 들어 일반적으로 분자생물학 분야는 수학 분야보다 인용 밀도가 월등히 높다.

다음으로는 '피인용 반감기cited half-life'의 문제가 있다. 피인용 반감기는 총 피인용 횟수의 비율이 50퍼센트가 되는 연도에서 현재까지의 기간을 말한다. 이는 한 논문이 얼마나 오랫동안 인용되는지를 일러준다. 일반적으로 생리학 분야의 학술지가 물리학 분야의 학술지보다 반감기가 훨씬 길다.

마지막으로 연구자 수의 문제가 있다. 의생명과학 분야에 종사하는 연구자 수가 많으니 이 분야의 최다 피인용 논문의 수가 늘어나는 것은 당연하다. 하지만 연구자 수가 늘면 자연적으로 학술지 수가 늘어나므로 영향력지수에는 큰 영향을 미치지 않는다.

의생명과학 분야에서 전문적인 경험을 조금 쌓았다면 8편의 의생명과학 논문 중 한 편을 제외한 나머지 7편의 논문 제목에서 한 가지 특징을 알아낼 수 있을 것이다. 놀랍게도 이 논문들은 새로운 과학적 발견에 관한 논문이 아니다. 2위를 뺀 나머지 7편은 새로운 실험 방법 또는 분석 방법을 개발한 논문이다. 1위와 3위는 단백질 정량 분석 방법, 4위는 DNA 염기서열 분석 방법, 5위는 RNA 분리 방법, 6위는 단백질 분석을 위해 겔에서 니트로셀룰로오스막nitrocellulose membrane으로 단백질을 부착하는 방법, 9위는 지질 분리 방법, 10위는 DNA 염기서열 비교 방법에 관한 것이다.

그렇다면 마지막으로 남은 2위는 과연 어떤 논문일까? 제목에서 내용을 유추하면 바이러스 단백질의 새로운 특징을 밝힌 논문으로 보인다. 게다가 상위 10위 논문 중 유일하게 대중적으로 널리 알려진 엘리트 학술지 〈네이처〉에 실린 논문이다. 이 바이러스를 연구한 논문이 과학 지식의 발전에 얼마나 크게 기여했기에 21만 번 이상 인용되었을까? 과학사를 통틀어 위대한 업적 가운데 하나라는 데 큰 이견이 없고 1962년 노벨 생리의학상 수상의 영예를 이끌었던 1953년 왓슨과 크릭의 'DNA의 분자 구조'에 관한 〈네이처〉 논문(171, 737-738)도 5200번 조금 넘게 인용된 데 그쳤는데 말이다.

바이러스를 연구한 이 〈네이처〉 논문이 2위가 된 실상은 이렇다. 이 논문을 인용한 상당수의 과학자들은 이 논문에서 제공한 과학적 지식을 참고한 것이 아니다. 그렇다면 어떤 이유에서 이 논문을 인용했을까? 이 논문에서는 바이러스 단백질을 분리하고 검출하기 위해 '불연속 SDS-PAGE'라는 새로운 방법을 도입했다. 이에 더해 저자의 이름을 따서 'Laemmli buffer'라는 새로운 시약도 개발했다. 이 방법이 단백질 분석의 표준으로 자리 잡으면서 관련 연구자라면 누구나 사용하는 일종의 '의무 통과점' 방법이 되었다. 따라서 이 논문 역시 다른 7편과 마찬가지로 실험 방법 또는 분석 방법을 개발한 것으로 보아야 한다.

의생명과학 분야의 논문만으로 순위를 매긴다면 9위와 10위는 어떤 논문이 차지할까? 9위는 아미노산이나 염기 서열을 검색하기 위해 누구나 한 번쯤 사용해본 'BLAST(Basic local alignment search tool)'를 개발한 1990년 논문으로 3만 8000번 이상 인용되었다.[3] 10위는 X선 결정학 방법으로 단백질 구조를 밝히는 데 필요한 컴퓨터 프로그램의 역사를

3 Altschul et al. Basic local alignment search tool. J. Mol. Biol. (1990) 215, 403-410

정리한 2008년 종설 논문으로 약 3만 8000번 정도 인용되었다.[4]

여기서 실험 방법을 기반으로 하는 의생명과학 연구의 작동 방식이 일부 드러난다. 새롭게 등장한 실험 방법이 표준으로 자리 잡으면 웬만해서 연구자들은 다른 방법을 사용하거나 새로운 방법을 개발하려는 시도를 좀처럼 하지 않는다는 점이다. 왜냐하면 표준 방법은 실험 결과의 재현성과 신뢰성을 상당 부분 담보하기 때문이다. 의생명과학 실험은 주로 대상에 가한 자극에 얼마나 크게 또는 많이 반응하느냐를 측정하기 때문에 여러 수준에서 결과의 신뢰성을 놓고 논쟁이 벌어질 수 있다. 그러므로 표준 방법을 인용하면 방법적 측면에서 일어나는 논쟁의 여지를 미리 차단할 수 있다.

8편의 의생명과학 논문을 다시 한번 잘 들여다보면 단백질, DNA, RNA와 같은 생체분자biomolecule를 분석하는 실험 방법임을 알 수 있다. 지난 50여 년 동안 가장 빠르고 인상적인 발전을 이룬 분야를 든다면 아마 '분자생물학'일 것이다. 분자생물학은 분자 수준에서 생명현상 이면에 존재하는 기계적 원리를 규명하는 학문이다. 이런 분자생물학은 의생명과학이 물리학에 이어 과학의 왕좌를 물려받는 데 가장 큰 공을 세웠다. 이런 면에서 본다면 왜 생체분자를 분석하는 논문들이 그토록 많이 인용되었는지 수긍할 수 있을 것이다.

앞서 말했듯, 최다 피인용 상위 10위 논문은 많은 연구자에게 그토록 큰 영향을 주었지만 놀랍게도 노벨상 수상으로 이어진 논문은 한 편밖에 되지 않는다. 상위 100위 논문을 통틀어도 노벨상 수상으로 이어진 논문은 단 2편에 지나지 않는다. DNA 염기서열 분석법을 개발

• • •

4 Sheldrick, GM. A short history of SHELX. Acta Crystallogr. A. (2008) 64, 112-122

한 4위 논문이 첫 주인공이다. 이 논문의 저자 프레더릭 생어(Frederick Sanger, 1918~2013)는 1958년과 1980년 노벨 화학상을 수상했다. 나머지 하나는 DNA 단편을 쉽게 증폭할 수 있는 중합효소연쇄반응polymerase chain reaction, PCR 방법을 개발하여 1988년 〈사이언스〉에 실린 논문으로 1만 5000번 이상 인용되어 63위를 기록했다.[5] 이 논문의 저자 캐리 멀리스(Kary Mullis, 1944~)는 1993년 노벨 화학상을 수상했다.

만약 상당히 비판적 시각에서 이 부분을 읽고 있다면, 이 내용의 기본 전제를 흔드는 질문 하나가 떠오를 것이다. "Web of Science"에서 수집한 피인용 횟수 정보는 과연 믿을 만한가? 정확한 답은 아니지만, "Google Scholar"에서도 피인용 횟수를 파악할 수 있으니 "Web of Science"와 그 결과를 서로 비교하여 평가해보기 바란다.

〈표 2〉에서 "Google Scholar"의 최다 피인용 논문에서 알 수 있듯 순위와 피인용 횟수가 다르다. 검색 알고리즘, 검색 언어의 종류, 검색 문헌의 범위 등이 다르기 때문에 필연적으로 결과가 다를 수밖에 없다(검색 기술의 발전을 고려하면 "Google Scholar"의 최근 결과는 이와 다르게 나올 가능성이 매우 높다). 이는 피인용 횟수에서 논문이나 학술지의 영향력을 분석하는 작업은 어느 정도 유용할 수 있지만 꽤나 불완전함을 보여주는 것이기도 하다. "Google Scholar"는 영어 이외의 언어로 쓴 논문뿐만 아니라 서적과 같은 문헌도 검색하여 피인용 횟수를 계산해낸다. 먼저 〈표 2〉는 서적을 제외한 순위 결과이다. 그렇다면 서적을 포함하여 분석하면 어떤 결과가 나올까?

● ● ●

5 Saiki et al., Primer-directed enzymatic amplification of DNA with a thermostable DNA polymerase. Science. (1988) 239, 487-491

| 표 2 | Google Scholar의 최다 피인용 논문(2014년 10월 17일 기준)

순위	논문(저자, 논문 제목, 학술지)	발표 연도	피인용 횟수
1	Laemmli UK. Cleavage of structural proteins during the assembly of the head of bacteriophage T4. *Nature*. 227, 680–685	1970	223,131
2	Lowry et al. Protein measurement with the folin phenol reagent. *J. Biol. Chem*. 193, 265–275	1951	192,710
3	Bradford MM. A rapid and sensitive method for the quantitation of microgram quantities of protein utilizing the principle of protein-dye binding. *Anal. Biochem*. 72, 248–254	1976	190,309
4	Shannon CE. A mathematical theory of communication. *Bell Syst. Tech. J*. 27, 379–423	1948	69,273
5	Sanger et al. DNA sequencing with chain-terminating inhibitors. *Proc. Natl Acad. Sci. USA*. 74, 5463–5467	1977	64,031
6	Chomczynski & Sacchi. Single-step method of RNA isolation by acid guanidinium thiocyanate-phenol-chloroform extraction. *Anal. Biochem*. 162, 156–159	1987	62,344
7	Becke AD. Density-functional thermochemistry. III. The role of exact exchange. *J. Chem. Phys*. 98, 5648–5652	1993	56,923
8	Lee et al. Development of the Colle-Salvetti correlation-energy formula into a functional of the electron density. *Phys. Rev. B*. 37, 785–789	1988	54,365
9	Murashige, T. &Skoog, F. A revised medium for rapid growth and bio assays with tobacco tissue cultures. *Physiol. Plant*. 15, 473–497	1962	53,696
10	Folstein, M. F., Folstein, S. E. &McHugh, P. R. Mini-mental state – practical method for grading cognitive state of patients for clinician. *J. Psychiatr. Res*. 12, 189–198	1975	53,423

답은 〈표 3〉에 있다. 서적이 6권, 논문은 4편을 차지한다. 그 책들도 논문과 마찬가지로 주로 분석 방법 또는 실험 방법에 관한 내용을 담고 있다. 다만 그렇지 않은 책 한 권이 딱 한 눈에 들어온다. 7위를 차지하고 있는 토머스 쿤의 『과학혁명의 구조』이다. 이 책의 피인용 횟수는 쿤의 업적이 과학사, 과학철학, 과학사회학 등 과학 전반에 얼마나 큰 영향을 주었는지를 가늠하게 한다.

| 표 3 | Google Scholar의 최다 피인용 문헌(2014년 10월 17일 기준)

순위	문헌(논문 또는 서적)	발표 연도	피인용 횟수
1	Laemmli UK. Cleavage of structural proteins during the assembly of the head of bacteriophage T4. *Nature*. 227, 680-685	1970	223,131
2	Lowry et al. Protein measurement with the folin phenol reagent. *J. Biol. Chem.* 193, 265-275	1951	192,710
3	Bradford MM. A rapid and sensitive method for the quantitation of microgram quantities of protein utilizing the principle of protein-dye binding. *Anal. Biochem.* 72, 248-254	1976	190,309
4	Sambrook et al. *Molecular Cloning* 〔서적〕	1989	172,540
5	Press WH. Numerical Recipes: *The Art of Scientific Computing* 〔서적〕	1992	110,822
6	Yin RK. *Case Study Research: Design and Methods* 〔서적〕	1984	91,237
7	Kuhn, T. S. *The Structure of Scientific Revolutions* 〔서적〕	1962	73,818
8	Zar JH. *Biostatistical Analysis* 〔서적〕	1974	70,807
9	Shannon CE. A mathematical theory of communication. *Bell Syst. Tech. J.* 27, 379-423	1948	69,273
10	Cohen J. *Statistical Power Analysis for the Behavioral Sciences* 〔서적〕	1969	67,824

왓슨과 크릭의 'DNA의 분자 구조'에 관한 〈네이처〉 논문은 과학적, 임상적, 사회적, 문화적으로 엄청난 영향을 주었다. 그럼에도 왜 예상보다 훨씬 적게 인용되었을까? 여기서 또 다른 과학계의 작동 방식 또는 규범 한 가지를 알 수 있다. 바로 '우선권priority'과 관련한 과학계의 독특한 보상 방식의 문제이다. 과학계에서는 '우선권'을 쟁취하기 위해 엄청난 경쟁을 벌인다. 로버트 머튼(Robert King Merton, 1910~2003)은 이러한 우선권 경쟁이 현대 과학의 특징이 아니라 17세기 이후 근대 과학의 시대부터 계속되어왔음을 강조한 바 있다.

과학계의 보상 체계를 간단히 소개하면, 먼저 우리에게 친숙한 방식으로 노벨상 수여와 같은 시상을 들 수 있다. 다른 방식으로는 다른 과학자의 선행 연구 업적을 인용하여 우선권과 파급력을 인정해주는 것이다. 가장 명예로운 보상은 과학자의 이름을 따서 과학 용어를 만드는 방식, 즉 '멘델의 유전법칙', '왓슨-크릭의 염기쌍'과 같은 것이다. 그렇다면 왓슨과 크릭의 〈네이처〉 논문이 왜 예상보다 적게 인용되었는지를 쉽게 짐작할 것이다. 바로 과학 전공자라면 누구나 알 수 있는 '왓슨과 크릭의 DNA 구조'이기 때문이다.

여기서 인용에 관한 또 다른 의미 하나가 드러난다. 바로 저자와 독자 사이의 신뢰 문제라는 점이다. 독자는 저자가 데이터를 조작했거나 표절했을 수 있다는 의심을 바탕으로 논문이나 책을 읽지 않는다. 따라서 저자가 적절한 인용을 하지 않으면 해당 분야의 전문가가 아닌 이상 독자는 어디부터 어디까지가 온전한 저자의 노력인지 제대로 알기 어렵다. 그렇기 때문에 저자와 독자 사이의 신뢰 구축이라는 측면에서도 인용은 반드시 필요하다. 하지만 멘델의 유전법칙과 같이 누구나 명명백백하게 알고 있을 경우에는 원래의 논문을 굳이 인용하지 않더라도 저자나 독자 사이의 신뢰가 손상된다고 보기 어렵다.

최다 피인용에 관한 이야기를 보면서 저마다 다른 생각들이 머릿속을 채울 것이다. 엄청나게 많이 인용되는 논문을 쓰고 싶은가? 그렇다면 〈네이처〉나 〈사이언스〉에 논문을 싣는 것을 포기해야 하나? 최다 피인용 100위 논문의 저자들은 과연 어떤 생각으로 논문을 발표했을까? 그들은 자신의 논문이 이렇게 많이 인용될 줄 알고 있었을까?

09
한 번도 인용되지 않은 논문

많이 인용되는 논문이 있다면 그 반대로 전혀 인용되지 않은 논문도 있을 것이다. 한 논문이 100번 인용되었다는 것은 그 논문이 단 100명의 연구진에게만 영향을 주었다는 의미일까? 한 논문이 한 번도 인용되지 않았다면 단 한 명의 과학자에게도 영향을 주지 않았다는 뜻일까? 2017년 말 〈네이처〉는 얼마나 많은 논문이 단 한 번도 인용되지 않았는지를 흥미롭게 다룬 기사를 실었다.[6] 이 내용을 바탕으로 한 번도 인용되지 않은 논문에 대해 살펴보기로 하자.

많은 과학자들은 단 한 번도 인용되지 않은 논문이 많이 발표되고 있다고 여긴다. 이러한 추정은 1990년 〈사이언스〉에 실린 한 논문에서

6 Van Noorden R. The science that's never been cited. Nature. (2017) 552, 162-164

구체적으로 드러났다.[7] 과학 논문 중 상당수가 지식의 발전에 거의 기여하지 않는다는 취지였다. 저자는 발표된 논문 중 절반 이상(55%)이 5년이 넘도록 한 번도 인용되지 않았다는 분석 자료를 근거로 들었다. 이것이 사실이라면 상당히 경악스러운 일이다. 피인용 횟수를 학문적 영향력의 척도로 삼는다면 발표된 논문의 절반 이상이 인용되지 않았다는 것은 그만큼 쓸모없고 불필요한 연구가 남발되고 있다는 뜻으로 받아들일 수 있기 때문이다.

과연 그럴까? 상당 부분 세금으로 이루어지는 연구가 고작 그 정도였단 말인가? 여기에 두 가지 의문점이 섞여 있다. 하나는 단 한 번도 인용되지 않은 논문이 정말로 그렇게 많을까이고, 다른 하나는 인용되지 않았다는 것이 가치가 없거나 쓸모없다는 것을 의미할까이다.

첫 번째 의문점에 관해 먼저 대답을 하면 실상은 그렇게 많지 않다이다. 해당 〈사이언스〉 논문은 이내 문제점이 드러났는데, 분석 대상에 연구 논문research article과 종설 논문review article 외에도 정식 논문이 아니라서 거의 인용되지 않은 편집인에게 직접 보낸 서신letter to the editor, 수정correction, 학회 초록meeting abstract 등을 포함시켰다는 점이다. 연구 논문과 종설 논문만을 대상으로 "Web of Science"의 데이터를 조사해 보면 한 번도 인용되지 않은 논문은 전체 논문의 10퍼센트도 채 되지 않는다.

전공 분야에 따라서도 한 번도 인용되지 않은 논문이 전체 논문에서 차지하는 비율의 차이가 있다. 2006년에 발표된 논문 중에서 지금까지 인용되지 않은 논문을 살펴보면 의생명과학 분야는 4퍼센트로

● ● ●

7 Hamilton DP. Publishing by-and for?-the numbers. Science. (1990) 250, 1331-1332

가장 낮았고 화학은 8퍼센트, 물리학은 11퍼센트 정도였다. 공학 분야는 24퍼센트 정도로 과학 분야에 비해 훨씬 높았다. 공학 분야는 자연과학 분야와 달리 특정 문제를 해결하는 연구들이 많아서 그 문제가 해결되면 더 이상 연구를 할 필요가 없으므로 인용되지 않는 경향이 나타날 수 있다.

대체로 한 번도 인용되지 않은 논문 대부분은 이름이 잘 알려지지 않은 학술지에 게재된 것이었다. 이는 언뜻 보면 수긍이 된다. 그렇다고 근본적인 문제가 해결된 것은 아니다. 한 논문이 한 번도 인용되지 않았다는 것을 어떻게 증명하는가 하는 의문을 어떻게 해결할 수 있는지에 관한 것이다. 달리 말해, 부정 명제를 증명해야 하는 일에 봉착한 것이다. 그만큼 한 번도 인용되지 않은 논문을 찾아내는 것은 어려운 일이다.

그렇다면 피인용 횟수는 얼마나 정확할까? 사실 "Web of Science"를 포함하여 현재까지 구축된 그 어떤 데이터베이스도 피인용에 관한 데이터가 아주 정확하지는 않다. 논문 말고 책처럼 문헌을 인용하는 것은 "Google Scholar"에서 파악할 수 있지만 이것도 정확하지 않다. 특히 영어가 아닌 각 나라의 고유어로 작성된 학술지 논문은 인용 여부조차 제대로 파악되지 않는다. 따라서 이러한 현실을 감안하면 실제로 한 번도 인용되지 않은 논문은 훨씬 적다고 추정할 수 있다.

다음으로 두 번째 질문인 인용되지 않았다는 것이 가치가 없거나 쓸모없다는 것을 의미할까에 대해서 생각해보자. 1865년 그레고어 멘델이 유전법칙에 관한 논문을 발표했지만 35년이 지난 후 휘호 더프리스(Hugo de Vries, 1848~1935), 카를 코렌스(Carl Correns, 1864~1933), 에리히 체르마크(Erich von Tschermak, 1871~1962)가 유전법칙을 재발견할 때까지 3번 밖에 인용되지 않았다. 이는 위대한 연구라도 다른 연구로 파생되려면 상당한 시간이 걸릴 수 있음을 보여준다.

이러한 사례는 특정 기간 동안 인용이 많이 되지 않았다고 무의미하거나 쓸모없는 논문으로 섣불리 취급해서는 안 된다는 것을 보여준다. 지금까지 인용되지 않았다고 앞으로도 인용되지 말라는 법은 없다. 이는 다음 장에 다룰 '마태 효과Matthew effect'와도 연결된다. 또한 비영어권 국가의 전문 학술지는 상대적으로 적게 인용되기도 한다.

뿐만 아니라 인용은 구체적이고 직접적인 영향을 나타내는 것이지, 포괄적이고 간접적인 영향을 나타내는 것은 아니다. 간접적인 영향이 중요한 이유는 누군가에게 영감과 통찰을 제공할 수도 있기 때문이다. 최근 들어 웹상에서 논문 조회 횟수와 다운로드 횟수를 보여주는 학술지가 늘어나고 있다. 이는 얼마나 많이 관심을 가지고 읽히느냐를 파악함으로써 간접적인 파급 효과도 일부 보여줄 수 있기 때문이다.

사실 연구의 시작은 대부분 근사하지도 거창하지도 않다. 관련 논문을 보거나 실험을 하거나 데이터를 해석하는 중에 문득 떠오르는 사소한 아이디어에서 새로운 연구를 시작하는 경우가 허다하다. 때로는 문제 해결에 몰두하다 보면 아이작 뉴턴의 사과처럼 연구와 전혀 상관없는 일에서 아이디어가 떠오르기도 한다. 그렇기 때문에 직접적으로 드러나지 않는 무형적인 가치나 영향력에 늘 주목할 필요가 있다. 잘 인용되지 않는다고 해서 쉽게 실패로 단정하지 말자. 생명체의 진화도 지구상에 나타난 생물종의 99퍼센트 이상이 사라진 철저한 실패의 역사가 아닌가.

2007년 노벨 생리의학상을 받은 올리버 스미시스(Oliver Smithies, 1925~2017)는 2014년 어느 모임에서 한 번도 인용되지 않았던 자신의 논문에 대해 학생들에게 말한 적이 있었다. 그 논문은 1953년 발표한 삼투압 측정에 관한 것이었다.[8] 사실 그 논문은 몇 번 인용되었으나 스미시스는 한 번도 인용되지 않은 것으로 잘못 알고 있었다. 그는 자신의 논문이 한 번도 인용되지 않았지만 그 논문으로 박사학위를 받았고 자질을 갖춘 과학자로 성장할 수 있었으며 무엇보다도 연구를 즐기면서 훌륭한 과학을 배울 수 있었다고 말했다.

스미시스의 말은 그저 성공한 과학자의 여유라고 치부하기에는 너무나 인상적이다. 논문의 가치는 누가 어떤 관점에서 보느냐에 따라 달라지는 것 아닐까? 넘치는 목욕탕의 물을 보거나 사과가 떨어지는 것을 보고서도 위대한 발견을 할 수 있다. 정말 한 번도 인용되지 않은 논문이라도 과학적 감수성이 높은 누군가에게 걸린다면 위대한 발견의 시작이 될 수도 있다. 그렇다면 "감히 알려고 하라Sapere aude"고 한 임마누엘 칸트(Immanuel Kant, 1724~1804)의 좌우명을 마음 깊이 되새겨보라.

움베르토 에코(Umberto Eco, 1932~2016)도 말했듯, 훌륭한 생각이란 언제나 저명한 저자들만 제공하는 것이 아니기에 그 어떤 논문도 경멸하지 말아야 함은 과학자라면 당연히 지녀야 할 겸손과 포용의 자세이다.[9]

• • •

8 Smithies O. A dynamic osmometer for accurate measurements on small quantities of material: osmotic pressures of isoelectric beta-lactoglobulin solutions. Biochem J. (1953) 55, 57-67

9 움베르토 에코 지음, 김운찬 옮김. 『논문 잘 쓰는 방법』. 열린 책들. 2017. pp.169-171

10
영향력지수 논쟁

토머스 쿤이 1962년에 발표한 『과학혁명의 구조』 덕분에 우리는 객관적 진리 추구와 합리성의 산물로 포장된 과학의 실제적 모습에 다가갈 수 있었고, 신화적 믿음과 강박적 관념에서 어느 정도 해방될 수 있었다. 쿤은 과학의 진보가 객관적 진리를 향해 나아가는 선형적 경로가 아니라고 생각했다. 실제 과학 연구가 작동하는 방식에 주목한 쿤은 정치처럼 과학에서도 혁명이 일어나며, 그 혁명에는 구조가 있다고 보았다.

쿤은 물리학으로 박사학위를 받은 과학자였으나 하버드 대학교 총장 제임스 코넌트(James B. Conant, 1893~1978)가 개설한 자연과학개론 강의를 도우면서 과학사학자의 길을 걷게 되었다. 쿤은 과학이 작동하고 발전하는 방식을 어떻게 바라볼 것인가로 고민하는 많은 학자들에게 큰 영향을 주었다. 그럼에도 실제 실험실에서 연구하는 과학자들에게는 그다지 큰 영향을 주지 않았다.

쿤의 『과학혁명의 구조』를 읽지 못했거나 전혀 몰라도 실험실에서 이루어지는 일련의 작업, 즉 가설을 도출하고 실험을 설계하고 데이터를 생산하고 결과를 해석하는 일에 그리 지장을 받지 않는다. 쿤의 이론이 실제 실험실에서 이루어지는 과학 활동에 직접적으로 영향을 주는 것이 아니기에 실험실 과학자의 입장에서는 그의 이론을 체감하기 어렵다. 쿤의 패러다임보다는 카를 포퍼(Karl Popper, 1902~1994)의 '반증가능성falsifiability'의 개념이 오히려 실험실에서는 더 많이 언급된다. 물론 포퍼가 원래 내세운 반귀납주의적 관점 그대로라기보다 상당히 느슨하게 해석하여 과학은 오류 가능성이 있고 엄밀한 실험을 통해 반증될 수 있다는 뜻에서이다.

그러나 유진 가필드(Eugene Garfield, 1925~2017)의 경우는 이와 다르다. 그는 과학자의 삶을 상당히 바꾸어 놓았다. 가필드는 화학을 전공했으나 적성이 맞지 않았던 탓에 도서관학으로 학부를 마쳤고 언어학으로 박사학위를 받았다. 그는 문헌정보학에 관심을 기울이던 차에 프랭크 셰퍼드(Frank Shepard, 1848~1902)가 1873년에 고안한 '셰퍼드의 인용집 Shepard's Citations'을 접하게 되었다. 이에 착안하여 1955년 가필드는 참고문헌 인용에 관한 체계적인 분석 방법을 개발했다.[10] 그것이 바로 '영향력지수impact factor, IF'이다.

1964년 가필드는 '과학 인용색인Science Citation Index, SCI'이라는 과학

10 Garfield E. Citation indexes for science; a new dimension in documentation through association of ideas. Science. (1955) 122, 108-111

학술지 목록에 대한 개념을 발표하면서 '학술지 영향력지수Journal Impact Factor, JIF'를 토대로 학술지에 대한 정량적인 평가를 시작했다.[11] 학술지 영향력지수는 두 가지 요소를 기반으로 하고 있다. 하나는 이전 2년 동안 학술지에 수록된 논문이 해당 연도 논문에 인용된 수이고, 다른 하나는 동일 2년 동안 발표된 논문(원저와 종설)의 수이다. 전자를 분자로, 후자를 분모로 하면 영향력지수를 구할 수 있다.

가필드는 과학정보연구소Institute of Scientific Information, ISI를 설립한 뒤 자신의 아이디어를 계속 구현해 나갔다. "Web of Science"는 원래 ISI에서 만든 인용색인 데이터베이스와 분석 플랫폼이었지만, 지금은 이 "Web of Science"를 클래리베이트 애널리틱스에서 운영하고 있다. 참고로 클래리베이트는 2016년 톰슨 로이터Thomson Reuters의 지적재산권과 과학 분야 사업부를 인수하여 설립된 기업이다. 클래리베이트는 매년 '학술지 인용 보고서Journal Citation Reports, JCR'로 학술지 영향력지수를 발표하고 있다.

쿤과 달리 가필드는 과학자에게 직접적으로 엄청난 영향을 주고 있다. 어쩌면 과학자의 삶을 지배하고 있다고 표현하는 것이 더 맞을지도 모른다. 그 까닭은 신규 채용, 승진, 연구비 수주 등 여러 과정에서 이 영향력지수가 과학자의 '개별 논문'을 평가하는 데 사용되고 있기 때문이다. 그것도 아주 핵심적인 평가 기준으로 말이다. 따라서 대부분의 과학자는 연구를 시작하기 전부터 영향력지수가 어느 정도 수준의 학술지에 자신의 논문을 투고할지를 고민한다.

● ● ●

11 Garfield E. "Science Citation Index": A new dimension in indexing. Science. (1964) 144, 649-654

영향력지수는 논문을 읽고 참고할 때 우선순위를 결정하는 데도 큰 영향력을 미친다. 정보의 홍수 시대에서 선택적 읽기의 기준이 되고 있는 것이다. 하지만 영향력지수가 낮은 학술지라도 탄탄한 증거를 바탕으로 새로운 이론을 주장한 논문은 얼마든지 찾을 수 있다. 뿐만 아니라 결정적인 아이디어를 반드시 영향력지수가 높은 학술지의 논문을 읽는다고 얻는 것이 아니다.

영향력지수가 높은 학술지에 대한 선망과 동경을 넘어 지나친 집착이나 숭배를 흔히 질병에 빗대어 '영향력지수 광증IF mania',[12] '영향력지수 강박증IF obsession',[13] '영향력지수염impactitis'[14] 등으로 표현하기도 한다. 어쩌면 완전한 세계를 그리려 했던 플라톤의 생각이나 전근대적 종교적 열망과 크게 다르지 않다.

그렇다면 영향력지수에 도대체 얼마나 치명적인 매력이 있기에 그토록 많은 과학자들이 헤어나지 못하는 것일까? 우선 영향력지수는 학술지의 수준을 정량적으로 평가하려는 과학적 욕구를 충족시키는 듯 보인다. 즉 환원주의적으로 접근하기 때문이다. 과학이 취하는 환원주의란 비교적 명료하고 결정적인 하위 수준을 이해하여 복잡한 상위 수준의 현상을 설명하려는 갈망이다. 복잡하기 짝이 없는 영향력이라는 개념을 피인용 횟수로 파악하려는 시도는 이러한 환원주의와 너무나도 잘 들어맞는다.

● ● ●

12 Casadevall & Fang. Causes for the persistence of impact factor mania. mBio. (2014) 5, e00064-14

13 Sekercioğlu CH. Citation opportunity cost of the high impact factor obsession. Curr Biol. (2013) 23, R701-R702

14 van Diest et al. Impactitis: new cures for an old disease. J Clin Pathol. (2001) 54, 817-819

여기에 더해 관찰 현상을 수치화하려는 욕구까지도 충족시켜주고 있다. "인간의 정신은 양적 관계에서 가장 분명하게 파악된다"라는 요하네스 케플러(Johannes Kepler, 1571~1630)의 말이나 "측정 가능한 모든 것을 측정하라. 측정이 힘든 모든 것을 측정 가능하게 만들어라"는 갈릴레오 갈릴레이의 말과 무척 잘 어울린다. 영향력지수에 질적 차이를 양적 관계로 환원시키는 근대 과학의 방법과 정신이 깃들어 있는 것이다. 또한 수치는 편견 없는 지식이나 객관성이라는 이상과도 잘 어울릴 수 있다.

이 이상 어떻게 더 과학자의 마음을 사로잡을 수 있을까? 하지만 모든 문제가 과학만으로 해결될 수 있다고 보는 과학지상주의는 과학자들을 자칫 오만과 편견에 빠뜨릴 수 있다. 더욱이 지능처럼 추상적이고 셀 수 없는 개념에 수치를 부여하는 작업, 즉 물화reification에는 근본적인 문제들이 내재되어 있다. 추상적 개념을 셀 수 있는 실체로 바꾸는 데에는 분명 한계가 있다. 또한 과학은 대상의 속성만 측정하고 관심을 기울일 뿐 대상 자체를 바라보지 않는다. 따라서 추상적이고 복잡한 영향력이라는 개념을 단순하게 피인용 횟수로만 측정하려는 편협함을 경계할 필요가 있다.

뿐만 아니라 영향력지수와 과학적 중요성이 반드시 일치하는가에 대한 회의적인 시각도 있다.[15] 앞에서도 살펴보았듯 지금까지 가장 많이 인용된 논문들은 주로 근본적인 개념적 진보를 이루어낸 것들이 아니라 일반적으로 사용하는 실험 방법에 관한 것이기도 하다. 또한 영향력지수에 매몰되다 보니 우연한 발견이나 뜻밖의 발견 등 과학이 지닌 무형적 가치의 소실을 걱정하는 과학자도 많이 늘어나고 있다.

15 Casadevall & Fang. Impacted science: impact is not importance. mBio. (2015) 6, e01593-15

가장 큰 문제는 영향력지수가 '개별 논문'이 아니라 '학술지'를 평가하기 위해 고안된 것임을 제대로 이해하지 못하고 있다는 점이다.

오늘날 논문은 과학자가 경력을 쌓고 출세를 하는 데 제일 중요한 수단이 되었다. 따라서 논문 발표는 과학자에게 엄청난 동기로 작용한다. 최근에 발표된 논문은 시간적 제약이 있어 당장 많이 인용되기는 어렵다. 이러한 까닭에 영향력 있는 논문인지를 분간하고 계량화하려면 다른 방식이 필요한데, 이에 따라 학술지의 영향력지수를 활용하여 해당 논문의 영향력을 가늠하는 방식을 취한다. 하지만 학술지의 영향력지수가 높다고 해서 반드시 해당 학술지의 모든 논문이 거의 비슷하게 많이 인용된다고 가정할 수 있을까?

여기서 결국 보편성과 개별성의 문제에 봉착한다. 피인용에도 '파레토의 법칙Pareto's principle' 또는 '80 대 20의 법칙80/20 rule'이 통용되기 때문이다. 대략 한 학술지에서 20퍼센트의 논문이 80퍼센트의 피인용 횟수를 차지하고 있다는 뜻이다.[16] 따라서 영향력지수가 높은 학술지에 실린 논문이라도 대부분 피인용 횟수가 그렇게 높지 않다.[17] 다시 한번 강조하지만 영향력지수는 학술지를 평가하는 척도이지, 개별 논문을 평가하는 척도가 아니다. 더군다나 영향력지수가 높은 학술지에 논문이 게재되면 편승 효과bandwagon effect가 나타날 수 있다. 다시 말해 시류에 편승하여 그 연구 주제를 쫓아가는 현상인데, 이러한 모방 심리나 소비 심리에 따라 해당 논문이 일시적으로 정도에 지나치게 높

16 Garfield E. The evolution of the Science Citation Index. Int Microbiol. (2007) 10, 65-69

17 Larivière et al. A simple proposal for the publication of journal citation distributions. bioRxivorg. (2016) 062109

은 평가를 받을 수가 있다.

새뮤얼 브래드퍼드(Samuel C. Bradford, 1878~1948)는 다수의 핵심적인 결과를 발표하는 과학 학술지는 소수에 지나지 않다는 '브래드퍼드의 법칙Bradford's law'을 발표한 바 있다.[18] 실제 영향력지수는 학술지의 질을 평가하기에 제법 괜찮은 지표이기도 하다. 그러나 문제는 개별 논문의 질이나 연구자의 역량을 평가하기에는 영향력지수가 썩 좋은 도구가 아닐 수 있다는 점이다.[19] 가필드 역시 개별 연구자의 역량 평가에 영향력지수를 사용하는 데에 따른 위험성을 경고하면서 논문을 직접 보고 판단해야 함을 강조했다.

영향력지수로 과학 연구와 과학자의 질을 평가하는 문제점들이 「연구평가에 대한 샌프란시스코 선언San Francisco Declaration on Research Assessment, DORA」에서 공식적으로 표출되기도 했다(https://sfdora.org/).[20] 하지만 영향력지수가 논문의 질을 측정하는 완벽한 도구는 아니라고 한들 이보다 더 나은 방법이 있는 것도, 다른 대안이 있는 것도 아니라는 주장도 여전히 만만치 않다.[21]

특히 우리나라처럼 서로를 못 믿어서 수치로 표현되는 기계적 객관성만 신봉하는 분위기에서는 더욱 그렇다. 또 영향력지수로 평가가 표준화되면서 학문 공동체의 폐쇄성과 학벌 위주의 특수주의적 요소를 배제할 수 있다는 장점도 있다.

• • •

18 Bradford SC. Sources of information on specific subjects. Engineering. (1934) 26, 85-86

19 Anonymous. Beware the impact factor. Nat Mater. (2013) 12, 89

20 Cagan R. The San Francisco Declaration on Research Assessment. Dis Model Mech. (2013) 6, 869-870

21 Hoeffel C. Journal impact factors. Allergy. (1998) 53, 1225

영향력지수를 이용한 평가의 문제점은 과학계의 작동 방식과 만나면 더욱 증폭되기도 한다. 과학자의 명성에 따라 특정 논문이 엘리트 학술지에 게재될 수 있으며, 다른 과학자에게 인용되는 정도가 달라질 수 있기 때문이다. 이는 우리가 생각하는 것 이상으로 과학 활동이 정치적, 사회적 성격을 띠고 있음을 보여주는 것이기도 하다.

'이름 없는 논문' 사건은 저자의 명성이 논문 심사와 게재에 얼마나 큰 영향을 미치는지를 잘 보여준다.[22] 1904년 노벨 물리학상을 수상한 영국의 물리학자 레일리 경(Lord Rayleigh, 1842~1919)은 1886년 버밍엄에서 열린 영국협회 모임에 논문을 투고했다. 하지만 실수였는지 아니면 이름이 적힌 면이 우연히 찢겨져 나갔는지 저자의 이름이 누락된 채로 투고되고 말았다. 심사위원회에서 이 논문에 대해 게재 불허 판정을 내리면서 문제가 벌어졌다. 저자가 누구인지 이내 밝혀졌기 때문이다. 갑자기 이 논문은 중요한 가치가 있는 것으로 바뀌었고 게재 허가가 났다.

또한 덜 알려진 과학자의 논문이 오랜 기간 동안 무시되는 사례를 과학사에서 종종 발견되는데, 이는 무명 과학자들의 연구 성과를 묵혀두어 지식의 발전이 왜곡되는 결과를 가져올 수 있다. 앞에서도 말했듯 쾰른의 수도사였던 그레고어 멘델의 유전법칙은 단순한 경험에서 나온 것일 뿐, 이성과 사고의 산물이 아니라는 폄하와 함께 35년 동안 인정받지 못했다. 멘델은 직업적으로 수도사였고 지리적으로도 지방 도시에 거주하는 전형적인 주변부 인물이었다.

로버트 머튼은 "무릇 있는 자는 받아 넉넉하게 되되, 무릇 없는 자는 그 있는 것도 빼앗기게 되리라"는 마태복음 구절을 따와 이와 같은

● ● ●

22 Barber B. Resistance by scientists to scientific discovery. Science. (1961) 134, 596-602

현상을 '마태 효과Matthew effect'라고 이름 붙였다.[23]

따라서 과학계에서 지도교수가 명망 있는 인사라면 젊은 과학자는 '후광 효과'를 얻을 가능성이 높다. 이와 같은 후광 효과는 머튼의 두 번째 부인인 해리엇 주커만(Harriet Zuckerman, 1937~)의 『과학 엘리트: 미국의 노벨상 수상자들Scientific Elite: Nobel Laureates in the United States』에서도 주목받은 바 있다. 뿐만 아니라 여성의 업적이 남성의 그늘에 가리는 예도 많은데, 이를 '마틸다 효과'라고도 한다.[24] 이는 과학자로서 이미 초기 경력에서 차별이 생기고 이에 따라 불이익이 누적되면서 과학 사회의 계층화가 더욱 뚜렷해질 수 있음을 보여준다.

스페인의 철학자 오르테가(José Ortega y Gasset, 1883~1955)는 "빙산의 일각처럼 최고 수준의 연구는 평범한 연구자들의 노력 없이는 성공할 수 없다"고 말했다. 과학의 발전은 뛰어난 과학자의 아이디어와 방법론적 기반을 마련해준 수많은 보통 과학자들의 평범한 연구에 기초하고 있다는 뜻이다.[25]

하지만 현실은 그렇게 단순하지 않다. 최상위 대학과 연구소에 소속된 소수의 학자들이 중요 논문을 생산한다는 연구 결과도 만만치 않다.

● ● ●

23 Merton RK. The Matthew Effect in Science: The reward and communication systems of science are considered. Science. (1968) 159, 56-63; Petersen et al. Quantitative and empirical demonstration of the Matthew effect in a study of career longevity. Proc Natl Acad Sci USA. (2011) 108, 18-23; Perc M. The Matthew effect in empirical data. J R Soc Interface. (2014) 11, 20140378

24 Lincoln et al., The matilda effect in science: awards and prizes in the US, 1990s and 2000s. Soc Stud Sci. (2012) 42, 307-320; Rossiter MW. The Matthew Matilda effect in science. Soc Stud Sci. (1993) 23, 325-341

25 Cole & Cole. The Ortega Hypothesis: Citation analysis suggests that only a few scientists contribute to scientific progress. Science. (1972) 178, 368-375

즉 과학자 사회는 계층화되어 있고 과학의 발전과 진보는 연구 주도권을 쥐고 있는 소수의 엘리트 과학자들로 이루어진다는 것이다. 아이작 뉴턴이 "내가 남들보다 더 멀리 보아왔다면, 그것은 거인들의 어깨 위에 서 있었기 때문이다"라고 말했듯, 과학의 발전은 다수의 무명 과학자가 아니라 과거 위대한 과학자들의 업적에 기반하는 면도 크다.[26]

현실이 그러한데, 여기에 영향력지수까지 지나치게 강조하다 보면 하고 싶은 연구와 상관없이 영향력지수가 높은 학술지에 게재될 만한 유행하는 연구와 명망 높은 교수를 좇아다녀야만 하는 상황이 벌어지고 만다. 과학계는 제한된 연구 자원을 대체로 과학자의 능력에 따라 배분하는 방식을 취한다. 따라서 영향력지수가 한 과학자의 능력을 평가하는 절대적인 기준이 된다면 연구 분야와 주제가 편협해지는 등 과학이 그다지 생산적이지 않은 방식으로 작동될 위험이 크다. 가필드는 영향력지수의 발명을 핵에너지에 비유한 바 있었다. 누구의 손에 있느냐에 따라 생산적이 될 수도 파괴적이 될 수도 있기 때문이다.

그렇다면 영향력지수에만 귀를 기울이기보다 "과학자는 건전한 회의적 사고, 판단을 미루는 자세, 그리고 올바른 상상력을 가져야 한다"는 에드윈 허블(Edwin Hubble, 1889~1953)의 말에 더 귀를 기울여야 하지 않을까? 하지만 불행히도 영향력지수를 비판하는 것 자체가 영향력지수와 관련된 인지적 프레임을 더욱 강화시킨다는 것은 부정할 수 없는 현실이다.

• • •

26 Bornmann et al. Do Scientific Advancements Lean on the Shoulders of Giants? A Bibliometric Investigation of the Ortega Hypothesis. PLoS ONE. (2010) 5, e13327

11
인기 있는 유전자

2001년 사람 유전체 지도의 초안이 발표되고, 2003년 염기서열이 해독되면서 새로운 질병 유전자와 신약 표적이 마구 쏟아져 나올 것이라는 장밋빛 환상에 젖었던 적이 있었다.[27] 흔히 유전체는 프로메테우스의 불이나 황금알을 낳는 거위에 비유되었다. 1980년 노벨 화학상을 받은 월터 길버트(Walter Gilbert, 1932~)는 1991년 인간 게놈 프로젝트Human genome project를 착수하면서 "우리가 누구인지를 밝히는 성배를 찾는 작업이 이제 그 정점에 도달했다"라고 말했다. 유전체는 성배가 되었고 분자유전학자들은 아서왕의 기사가 된 것이다.[28]

● ● ●

27 Collins et al. A vision for the future of genomics research. Nature. (2003) 422, 835-847

28 로즈 & 로즈 지음, 김명진 & 김동광 옮김. 『급진과학으로 본 유전자, 세포, 뇌』. 바다출판사. 2015. pp.366

그리고 적지 않은 시간이 흘렀다. 어떻게 되었을까? 아서왕의 기사들은 성배를 찾았을까? 2011년 〈네이처〉에 「다니지 않는 많은 길Too many roads not taken」이라는 제목의 짧은 논문이 실렸다.[29] 먼저 제목이 주는 느낌이 의미심장하다. 인간 게놈 프로젝트로 기능을 모르는 많은 유전자들이 발굴되었지만 여전히 과학자들은 그동안 연구해오던 유전자에만 관심을 기울인다는 것이다. 최근 연구에서도 재차 확인된 사실이다.[30] 과학자들은 전체 유전자 중 10퍼센트에만 큰 관심을 기울이고, 심지어 30퍼센트에 해당하는 유전자는 거의 연구조차 되지 않은 상태에 있다.

새로운 유전자는 연구를 하고 싶어도 연구 재료와 방법이 마땅치 않은 경우가 많고 설사 연구를 하더라도 그 결과가 쉽게 수용된다는 보장이 없기 때문이다. 다소 실망스럽겠지만 과학자들은 기대만큼 진취적이거나 모험적이지 않으며, 늘 하던 것을 더 잘하려는 성향이 강하다. 이 문제는 토머스 쿤이 제안했던 패러다임이라는 개념과도 관련된다.

넓은 의미에서 쿤의 패러다임은 대다수가 공유하는 과학 연구 방식으로 과학자 공동체와 연구 영역을 규정하는 데 중요한 역할을 한다. 반면 좁은 의미에서는 다른 연구에 대해 연구 방향을 제시하는 구체적이고 대표적인 업적, 즉 범례를 나타낸다. 흔히 과학자는 이렇게 모범이 되는 대표 사례를 모형으로 삼아 앞으로의 연구 과정을 설계하

• • •

29 Edwards et al., Too many roads not taken. Nature. (2011) 470, 163-165

30 Stoeger et al., Large-scale investigation of the reasons why potentially important genes are ignored. PLoS Biol. (2018) 16, e2006643

고 수행하여 결과를 얻는다. 그렇다면 제대로 정립된 방식도 모범적 사례도 없는 새로운 유전자 연구는 맨몸으로 매우 험준한 산을 넘어야 하는 것과 다를 바 없다.

다시 2011년 〈네이처〉 논문을 보면, 왜 「다니지 않는 많은 길」이라는 은유적, 상징적 표현으로 제목을 삼았는지 납득이 된다. 흔히 남들이 가지 않는 새로운 길을 개척해야 노벨상을 받는다고 말하지만 사실 말처럼 쉬운 일이 아니다. 새로운 직장을 구하고 승진을 해야 하는 상황이라면 더욱 그렇다. 그렇기 때문에 많은 과학자들은 늘 하던 연구를 계속하게 된다. 당연히 연구자는 여러 가지 고민에 직면한다. 하고 싶은 연구를 할 것인가? 할 수 있는 연구를 할 것인가? 할 수밖에 없는 연구를 할 것인가?

이러한 면에서 볼 때 2017년 〈네이처〉에서 다룬 가장 많이 연구된 유전자에 관한 분석 글은 흥미로운 생각거리를 제공한다.[31] 사람 유전체 지도의 초안이 발표된 후인 2002년, 미국 국립의학도서관National Library of Medicine, NLM에서 의생명과학 서지 데이터베이스로 유명한 "퍼브메드PubMed"에 등재된 모든 논문에 체계적으로 태그를 붙이기 시작했다.[32] 이에 따라 유전자나 유전자 산물의 구조나 기능 또는 위치에 관한 정보가 포함된 논문을 쉽게 추출할 수 있게 되었다. 이를 토대로 〈네이처〉에서 분석한 결과, 지금까지 사람 유전자 중에서 가장 많이 연구된 상위 10위 유전자는 〈표 4〉와 같다.

• • •

31 Dolgin E. The most popular genes in the human genome. Nature. (2017) 551, 427-431

32 Mitchell et al. Gene indexing: characterization and analysis of NLM's GeneRIFs. AMIA Annu Symp Proc. (2003) 460-464

| 표 4 | 사람 유전체에서 가장 많이 연구된 유전자(2017년 11월 기준)

순위	유전자	기능	논문 수
1	TP53	암억제단백질인 p53을 코딩하는 유전자로 모든 사람 암의 절반 정도에서 유전자 돌연변이가 관찰됨	8,479
2	TNF	염증 관련 사이토카인으로 유명한 TNF를 코딩하는 유전자로 염증질환의 중요한 약물 표적임	5,314
3	EGFR	상피성장인자(EGF)와 결합하는 세포막 수용체를 코딩하는 유전자로 약물 저항성 암에서 흔히 돌연변이가 관찰됨	4,583
4	VEGFA	혈관내피성장인자(VEGF) A를 코딩하는 유전자로 새로운 혈관 형성을 촉진함	4,059
5	APOE	지질단백질인 ApoE를 코딩하는 유전자로 콜레스테롤과 지단백질(lipoprotein) 대사에 중요함	3,977
6	IL6	면역 관련 사이토카인으로 유명한 IL6를 코딩하는 유전자로 염증 반응을 촉진하거나 또는 억제함	3,930
7	TGFB1	면역 및 상처 치료에 중요한 사이토카인으로 유명한 TGFβ1을 코딩하는 유전자로 세포의 증식과 분화 등을 조절함	3,715
8	MTHER	메틸렌사수소엽산 환원효소를 코딩하는 유전자로 아미노산 대사에 중요함	3,256
9	ESR1	에스트로겐 수용체를 코딩하는 유전자로 유방암, 난소암, 자궁 내막암에서 중요한 역할을 함	2,864
10	AKT1	신호단백질로 유명한 AKT1을 코딩하는 유전자로 인산화를 통해 다양한 기질단백질의 활성을 조절함	2,791

유전자 연구에도 엄청난 불균형이 존재한다. 2만여 개에 달하는 사람 유전자 중 0.5퍼센트에 해당하는 100개 유전자에 관한 논문이 전체 논문의 25퍼센트 이상을 차지한다. 즉 대부분의 과학자는 늘 다니는 길만 다닌다는 것이다. 이미 앞에서 말했으니 크게 놀랍지는 않을 것이다. 탐험 정신이야말로 과학에서 가장 중요한 미덕이라는 통념은 현실 세계에서는 소설 같은 이야기일 뿐이다.

의생명과학은 의미와 가치를 논하는 과학이다. 논문은 흔히 연구 결과의 임상적 중요성과 가치를 강조하는 것으로 마무리를 짓는다. 유전자의 중요성을 임상적 가치와 연결해야 인정받을 수 있다. 연구가 많이 이루어진 인기 있는 유전자는 질환의 진단이나 치료 등 임상적 현안과 관련성이 높다. 그래야만 연구비가 투자되고 연구 기반이 갖춰지기 때문이다. 따라서 인기 있는 분야는 무엇보다 연구 여건이 좋아 연구하기가 편리하다.

의생명과학이 의미와 가치를 다룬다고 해서 과학적 사실을 왜곡한다는 뜻은 아니다. 다만 연구 대상의 우선순위가 정해질 수 있다는 뜻이다. 새로운 유전자는 연구를 하더라도 임상적 가치를 밝혀내기가 쉽지 않고, 밝혀내더라도 과학자 사회에 쉽게 수용되리라고 장담하기도 어렵다. 그렇기 때문에 과학자는 다니는 길로만 다니는 습성이 생긴다.

흥미롭게도 인기를 끌고 있는 유전자를 조사하다 보면 유전자 연구에도 흥망성쇠가 있음을 발견할 수 있다. 1985년 이전에는 인체유전학 연구의 10퍼센트 이상이 '헤모글로빈hemoglobin' 유전자에 집중되어 있었다. 잘 알겠지만 헤모글로빈은 적혈구에 다량으로 존재하는 산소 운반 단백질이다. 그렇다면 왜 1980년대 중반까지 헤모글로빈 유전자에 관한 연구가 그토록 유행했을까?

이를 잘 이해하기에 앞서 질병을 이해하는 방식이 어떻게 역사적으로 변해왔는지를 잠시 살펴볼 필요가 있다. 고대 그리스의 히포크라테스(Hippocrates, 기원전 460~기원전 370년경)는 우리 몸을 구성하는 네 가지 체액, 즉 점액, 혈액, 흑담즙, 황담즙의 균형이 깨진 상태를 질병으로 보았다. 이 관념적인 체액병리학 이론은 그리스의 위대한 의사 클라우디우스 갈레노스(Claudius Galenos, 129~200)의 체계적인 노력에 힘입어 1,500년 동안이나 서양 의학을 지배했다.[33]

하지만 안드레아스 베살리우스의 해부학과 조반니 모르가니의 해부병리학에 의해 히포크라테스의 체액병리학 이론이 붕괴되었다. 모르가니는 생전 환자의 임상 소견과 부검 소견과의 관련성을 연구하여 질병은 특정 장소에서 발생하며, 그 장소인 장기의 손상이 질병의 원인임을 주장했다. 이후 마리 프랑수아 사비에르 비샤(Marie François Xavier Bichat, 1771~1802)와 루돌프 피르호(Rudolf Ludwig Karl Virchow, 1821~1902)를 거치면서 질병의 장소는 세포가 되었다.

1954년 노벨 화학상을 수상한 라이너스 폴링은 1949년 〈사이언스〉에 「겸상 적혈구 빈혈, 분자질환Sickle cell anemia, a molecular disease」이라는 제목의 논문을 발표했다.[34] 이 논문에서 폴링은 이 겸상 적혈구 빈혈의 원인이 '헤모글로빈'이라는 단백질의 구조가 변형되기 때문이라고 주장했다. 논문의 제목 그대로 분자의학의 시대가 열렸다.

이후 유전자는 단백질의 아미노산 서열을 지정할 뿐만 아니라 해당 단백질의 물리화학적 특성까지도 결정한다는 것을 알아냈다. 나아가 유전자의 돌연변이와 단백질의 구조와 기능의 변화나 질병의 발생을 연결 짓는 연구가 본격화되었다. 이로써 질병의 장소가 유전자 수준까지 좁아지게 된 것이다.

이처럼 질환을 이해하는 방식의 변화에서 헤모글로빈은 큰 역할을 했다. 헤모글로빈 유전자에 대한 연구는 분자질환을 이해하고 치료하

---

33 전주홍 & 최병진. 『醫美, 의학과 미술 사이』. 일파소. 2016. pp.78-91

34 Pauling & Itano. Sickle cell anemia a molecular disease. Science. (1949) 110, 543-548

는 통로로 인식되었다. 어쩌면 그 당시에는 헤모글로빈 유전자를 성배처럼 여겼을지도 모른다. 유전자의 변이가 단백질의 구조와 기능에 어떤 영향을 미치는지를 이해하는 데 헤모글로빈은 하나의 패러다임 또는 범례가 되었다. 맥스 퍼루츠(Max Ferdinand Perutz, 1914~2002)는 헤모글로빈의 3차 구조를 연구하여 1962년 노벨 화학상을 수상하기까지 했다. 이러한 분위기에 맞춰 인체유전학을 전공하는 연구자 중 상당수가 헤모글로빈 연구에 몰두하게 되었다.

그러나 1980년 중반 이후 염기서열 분석과 유전자 조작 기술이 발전하고 확산되면서 새로운 유전자 변이와 유전질환과의 관계를 좀 더 쉽게 연구하게 되자 헤모글로빈 유전자 연구는 쇠락의 길을 걷기 시작했다. 뿐만 아니라 당시 인간면역결핍바이러스Human Immunodeficiency Virus, HIV가 후천성면역결핍증을 일으키는 원인 인자로 밝혀지자 감염 경로에 관한 분자생물학 연구가 활발히 진행되었다. 그 결과 HIV 감염의 수용체로 작용하는 'CD4'라는 유전자 연구가 헤모글로빈으로부터 왕좌를 물려받았다. 1987년에서 1996년 사이 CD4는 미국 국립의학도서관에서 붙인 태그의 약 2퍼센트를 차지할 만큼 인기가 높았다.

이어 GRB2 유전자가 혜성처럼 나타났다가 불꽃처럼 사라졌다. GRB2는 세포에서 일어나는 신호전달 과정에서 중요한 역할을 하는 유전자로 주목받으면서 1990년대 후반 3년 동안 가장 인기 있는 유전자의 위치를 차지했다. 그렇다면 어쩌다 GRB2 유전자가 급추락을 하게 되었을까? 이유는 간단했다. 임상적 가치가 별로 없는 것으로 판명되었기 때문이다. 질병과 관련되지 않았고 질병 진단이나 약물 표적으로도 쓰일 수가 없었다. 당연히 연구비가 줄어들고 그에 따라 활발한 연구를 기대하기가 어려워졌다.

다시 말하지만 유전자가 인기를 끌려면 연구에 필요한 재료나 장비와 같은 연구 기반이 잘 갖추어져 있어야 함은 물론이고, 이에 더해 반드시 임상적 가치가 있어야 한다. 그래야만 환우회, 제약업자, 정치인 등 여러 영역에서 연구비 지원을 촉구할 수 있는 명분이 생긴다. 인기 있는 유전자는 호기심과 같은 순수한 학문적 동기로만 되는 것이 아니다. 사회문화적 요인으로 이루어진 면이 크다.

따라서 실험실 연구가 의미를 가지려면 임상적 타당성과 유용성에 대한 근거를 제시해야 한다. 즉 연구를 할 때 실험실 과학자의 가장 큰 고민은 자신의 발견과 임상적 타당성과 유용성을 어떻게 연결 짓느냐에 관한 것이다. 과학자라면 누구든 자신의 발견이 임상적으로 유용하고 임상시험에서 증명되기를 원한다.

TP53은 1990년대부터 본격적으로 인기를 얻기 시작하여 2000년 즈음 최고의 인기를 누리는 유전자가 되었다. 지금도 여전히 TP53은 왕좌의 자리를 차지하지 않고 있다. TP53은 1979년 처음 세상에 알려졌는데, 한동안 암유발유전자oncogene로 오해를 받았다. 그러다가 1989년 암유전학자 버트 보겔스타인(Bert Vogelstein, 1949~)의 연구실에서 TP53이 암억제유전자tumor suppressor gene임을 밝히면서 새로운 전기를 맞이했다.[35]

모든 암환자의 절반 정도에서 TP53의 돌연변이가 관찰된다. TP53 유전자의 이러한 임상적 가치는 왜 TP53이 최고 인기를 누리고 있는

35 Soussi T. The history of p53. A perfect example of the drawbacks of scientific paradigms. EMBO Rep. (2010) 11, 822-826

지를 잘 보여준다. 보겔스타인은 현재 부동의 1위를 차지하고 있는 TP53 유전자를 가리켜 "암에서 이보다 더 중요한 유전자는 없다"고 말했다. 하지만 유전자 연구의 짧은 역사를 돌이켜보면 언젠가는 TP53 유전자도 내리막길을 걸을 것임에 틀림없다.

다시 정리해보면, 어떤 유전자가 인기를 얻을까? 생명현상의 이해라는 순수한 학문적 동기뿐만 아니라 사회적 압력, 사업 기회, 의학적 요구 등 다양한 사회적, 경제적 가치와 조건에 잘 맞아떨어져야 한다. 한번 궤도에 오르면 쉽게 내려가지 않는 것이 유전자 연구의 특징이기도 하다. 하지만 새로운 과학적 발견, 새로운 기술의 등장, 새로운 가치의 창출로 언제든 왕좌의 주인공이 바뀔 수 있고 새로운 시대가 열릴 수 있다. 더불어 유전자가 인기를 끄는 현상을 패러다임으로 일부분 설명할 수 있겠지만, 어느 순간 인기 있는 유전자가 바뀌는 것은 패러다임의 전환과는 다른 성격의 문제임을 알 수 있다.

예상했겠지만, 인기 있는 유전자를 연구해야 영향력지수가 높은 학술지에 게재될 가능성이 높다. 달리 말하면 유전자의 인기, 임상적 가치, 영향력지수로 이루어진 탄탄한 동맹은 연구를 둘러싼 보이지 않는 손으로 작용한다는 뜻이다. 이는 특정 연구 영역에 대해 이른바 강요된 무관심과 무지를 일으킬 수 있다는 점에서 위험성을 내포하고 있다. 하지만 진짜 위험은 연구의 자유에 심각한 위협을 가하는 이러한 문제를 과학자들이 애써 외면하고 있다는 점이다. 경쟁적 환경이 연구주제에 대한 자기 검열 기제로 작동하기 때문이다.

그런 면에서 볼 때 로버트 머튼이 말한 공유주의나 불편부당성이나 조직화된 회의주의와 같은 규범은 이상적인 과학의 모습을 그려본 것에 지나지 않는다. 의생명과학 연구는 전통적인 학문적 논리 외에도 시장 경제적 논리의 영향을 크게 받고 있으며 이해관계에 따라 이미 상당히 오염되었다.

사실 과학자들은 자신이 하는 일을 성찰하는 데 그다지 많은 시간을 들이지 않는다. 그렇기 때문에 학문의 자율성과 기초 연구의 중요성을 강조하면서도 영향력지수에 얽매이는 이율배반적이고 자기 모순적인 과학자들의 모습을 종종 볼 수 있다.

오늘날 영향력지수에는 임상적 가치와 경제사회적 가치가 탑재되어 있으며 이는 기업 문화의 침투와 연구의 상업화와도 밀접하게 관련 있다. 무한 경쟁이라는 신자유주의적 가치는 더 말할 필요도 없다. 그렇다면 이러한 문제들은 과학자에게 어떤 고민과 숙제를 안겨주는가?

카르타고의 장군 한니발 바르카(Hannibal Barca, 기원전 247~기원전 183)는 제2차 포에니 전쟁 당시 알프스 산맥을 넘기 전에 "나는 길을 찾거나 아니면 만들 것이다"라고 말했다. 어떤 길을 선택할 것인가? 익숙한 길? 아니면 가지 않는 길?

12
노벨상 논문을 거부한 학술지

예전에는 꿈이 뭐냐고 물으면 훌륭한 과학자가 되어 노벨상을 타는 것이라고 대답하는 어린이들이 제법 있었다. 안타깝게도 우리나라에서 그 꿈은 아직까지 한번도 이루어지지 않았다. 매년 10월이면 노벨상 수상자 발표에 전 세계 과학계의 이목이 집중된다. 특히 우리나라가 더 그렇다. 물론 며칠 지나면 싹 잊히고 말지만, 언론마다 우리나라 과학계의 현실을 비판하고 앞으로 어떤 노력을 기울여야 하는지에 관한 분석 기사를 쏟아낸다. 과연 언제쯤 우리나라에서 노벨상 수상자가 나올 수 있을까?

노벨상 수상 업적은 해당 연구 영역에서 패러다임의 전환에 기여한 중요한 발견이나 기술이라는 공통점이 있다. 패러다임의 전환이 일어나려면 퍼즐 풀이를 잘 해서 될 일이 아니라 전혀 다른 형태의 질문을 던질 수 있어야 한다. 가설을 세우고 이를 확증하는 과학 연구의 절차적 측면에서 보면 퍼즐 풀이 연구든 패러다임을 전환하는 연구든 그리 차이가 나지 않는다. 그렇다면 형식의 문제가 아니라 내용의 문제로 귀결되는데, 이는 공식을 사용하여 수식을 풀면 정답이 나오는 그런 유형의 문제가 아니다.

이쯤 되면 어느 정도 윤곽이 그려진다. 세계를 이해하는 방식의 변화, 즉 패러다임의 변화는 연구 성과의 양이나 질의 문제가 아니라 관점이나 차원의 문제이다. 다르게 생각하고 다르게 문제를 규정하고 다르게 질문을 던져야 한다는 뜻이다. 따라서 연구비를 몰아주거나 과학자를 쥐어짜는 방식으로 해결될 수 있는 문제들이 아니다. 달리 말해, 선형적이거나 결정론적 문제가 아니라는 말이다. 패러다임을 바꾸는 연구가 가능하도록 과학자의 소양을 기르고 시스템을 마련하고 연구 풍토를 조성해야 한다.

하지만 사람, 제도, 문화를 바꾸는 일은 결코 쉽게 풀 수 있는 문제도, 단기간 안에 금방 해결될 수 있는 문제도 아니다. 특히 과학자가 되려면 어떤 소양을 길러야 하는가에 대해서는 많은 고민이 필요한 매우 중요한 문제이다. 이러한 문제들은 적어도 영향력지수를 신앙처럼 받들면서 절대적으로 숭배하는 문화 속에서는 잘 해결될 것 같아 보이지 않는다. 우리의 연구 문화나 학풍을 떠올리면, 안타깝지만 좀 비루한 느낌이 들기도 한다.

물론 노벨상에 대한 집착이나 숭배 역시 큰 문제이다. 알베르트 아인슈타인(Albert Einstein, 1879~1955)은 열역학의 기초를 세운 조사이어 깁스(Josiah Willard Gibbs, 1839~1903)를 미국이 배출한 과학자 중에서 가장 창의적이고 중요한 발견을 했다고 극찬했다. 그러나 깁스는 노벨상 후보에도 오르지도 못하고 세상을 떠났다. 물론 좀 더 오래 살았으면 이야기가 달라졌겠지만, 어쨌든 깁스는 노벨상과 관계없이 과학 역사에서 중요한 위치를 차지하고 있다. 주기율표를 발표한 러시아의 화학자 드미트리 멘델레예프(Dmitri Mendeleev, 1834~1907)가 노벨 화학상을 수상하지 못한 것도 노벨상 수상의 역사에서 매우 큰 실수 가운데 하나로 꼽힌다.

시대를 앞선 혁신적인 발견은 당대에 쉽게 인정받기 어렵다. 그렇기에 오래 살지 못하면 노벨상의 영예를 누리기 힘들다. 깁스나 멘델레예프도 그렇고, 오즈월드 에이버리(Oswald Avery, 1877~1955)도 빼놓을 수 없다. 20세기 초반 유전자의 본성을 설명하려 했던 유전학자들은 유전자가 염색체와 밀접한 관련이 있음을 파악했다. 하지만 염색체가 어떻게 유전 현상을 매개하는지를 설명할 수 있는 기전을 밝혀내지 못하는 것이 문제였다. 1944년 미생물학과 생화학을 전공한 미국의 내과의사 에이버리는 폐렴쌍구균 실험에서 DNA가 유전자의 물질적 실체임을 증명하는 데 성공했다.[36]

애석하게도 당시 대부분의 과학자들은 에이버리의 발견이 얼마나 획기적이고 중요한지 제대로 이해하지 못했다.[37] 좀 더 솔직하게 말하면 단백질의 복잡성이 유전 현상의 복잡성을 설명하기에 너무나도 매

36 Avery et al. Studies on the chemical nature of the substance inducing transformation of pneumococcal types: Induction of transformation by a desoxyribonucleic acid fraction isolated from pneumococcus type III. J Exp Med. (1944) 79, 137-158

37 Reichard P. Osvald T. Avery and the Nobel Prize in medicine. J Biol Chem. (2002) 277, 13355-13362

력적이었으므로 이를 포기하기 싫었다고 할 수 있다.

DNA는 4종류의 염기로만 구성되어 1969년 노벨 생리의학상을 받은 막스 델브뤼크(Max Delbrück, 1906~1981)마저 당시 DNA를 '멍청한 분자stupid molecule'라고 했다. 이렇게 단순한 분자가 고도로 복잡한 유전 현상을 결정한다는 것은 전혀 타당하지 않았다. 이후 에이버리는 노벨상 후보자 명단에 오르기는 했으나 수상으로 이어지지 못했고 1955년 끝내 세상을 떠나고 말았다.

이 이야기는 주류 과학 이론이나 패러다임에 기대거나 갇혀 있으면 아무리 탄탄한 실험적 증거를 기반으로 새로운 이론을 제기하더라도 그 증거를 보는 과학자의 눈을 가릴 수 있음을 보여준다.

앞서 말했지만 우선권 인정은 과학계의 독특한 보상 체계이다. 그중 노벨상 수상은 대중적으로 가장 널리 알려진 보상 방식이다. 하지만 노벨상을 수상하더라도 그 우선권이 누구에게 있느냐를 판단하는 것은 명쾌하지 않을 수 있다. 자기공명영상magnetic resonance imaging, MRI의 사례가 그렇다.

2003년 노벨 생리의학상은 MRI에 관한 연구를 한 폴 라우터버(Paul Lauterbur, 1929~2007)와 피터 맨스필드(Peter Mansfield, 1933~2017)에게 돌아갔다. 그러자 레이먼드 다마디안(Raymond Damadian, 1936~)이 발끈했다. 그는 MRI를 인체에 응용하는 데 기초가 되는 개념을 자신이 처음 제안했음에도 부당하게 수상하지 못했다고 수십만 달러를 들여 〈뉴욕 타임스〉에 전면광고를 내기까지 했다.

실제로 라우터버는 자신의 핵심 논문에 다마디안의 논문을 인용까지 했다. 이 일로 최초의 발견이 중요할까, 혁신적 개선이 중요할까를

놓고 많은 논쟁이 벌어졌다.[38]

물론 이러한 문제는 쉽게 정리될 수 없다. 값비싼 보석을 생각해보자. 원석의 발견이 중요할까, 아니면 가공이 중요할까? 에드워드 제너(Edward Jenner, 1749~1823)의 이야기는 또 다른 질문을 던진다. 제너는 백신을 최초로 개발한 의사로 알려졌지만 사실 벤저민 제스티(Benjamin Jesty, 1736~1816)라는 농부가 제너보다 22년 먼저 우두를 접종했다. 따라서 정확하게 말하자면 제너는 최초로 백신을 개발한 것이 아니라 과학적 방식으로 정식화했다.[39]

찰스 다윈의 사촌이자 우생학eugenics의 창시자로 유명한 프랜시스 골턴(Francis Galton, 1822~1911)은 "과학계에서 공적은 아이디어를 처음 낸 사람이 아니라 세계를 처음으로 납득시킨 사람에게 돌아간다"라고 말한 바 있는데, 그의 말이 이 상황을 잘 대변하는 듯 보인다. 어떤 점을 우선권으로 인정하느냐에 따라 상황이 달라질 수 있다.

노벨상은 그래도 상당한 검증 기간을 거친 뒤에 수상자를 결정한다. 그럼에도 위에서 살펴봤듯 완벽하지는 않다.[40] 여러 과학자가 콜레스테롤 연구로 노벨상을 수상했지만 정작 콜레스테롤 합성을 억제하는 블록버스트 약물인 스타틴statin을 발견한 아키라 엔도(Akira Endo 遠藤 章, 1933~2014)가 노벨상을 수상하지 못한 것은 이해하기 어렵다. 이와 반

● ● ●

38 Macchia et al. Raymond V. Damadian, M.D.: magnetic resonance imaging and the controversy of the 2003 Nobel Prize in Physiology or Medicine. J Urol. (2007) 178, 783-785

39 Riedel S. Edward Jenner and the history of smallpox and vaccination. Proc (Bayl Univ Med Cent). (2005) 18, 21-25

40 Allchin D. Nobel Ideals & Noble Errors: Great Scientists Don't Make Mistakes, Do They? Am. Biol. Teach. (2008) 70, 502-505

대로, 에가스 모니스(Egas Moniz, 1874~1955)는 정신질환 치료를 위한 뇌엽절제술leucotomy로 1949년 노벨 생리의학상을 수상했으나 이 수술법은 부작용으로 1970년에 이르러 전 세계적으로 금지되었다.

허버트 보이어(Herbert Boyer, 1936~)와 스탠리 노만 코언(Stanley Norman Cohen, 1935~)의 유전자 재조합기술은 그 중요성과 파급 효과에 비해 애써 외면받는 듯 보인다. 학계와 산업계에 엄청난 파급 효과를 가져왔지만, 그들의 보여준 지나친 상업적 행보로 노벨상을 수상하지 못하는 것이 아닌가 하는 의구심이 든다.

노벨상 수상도 이러한데 하물며 투고 즉시 심사에 들어가 게재를 하든(물론 지금은 대부분 수정 후 게재가 일반적이다), 거절을 하든 빠른 시간 안에 결정을 내려야 하는 논문은 말하나 마나다. 따라서 영향력지수가 높은 학술지라 해도 논문에 대한 중요성이나 가치를 잘못 판단할 가능성은 얼마든지 있다. 그렇기 때문에 영향력지수의 무조건적 숭배는 당연히 경계해야 할 필요가 있다. 이와 관련하여 대표적인 사례가 한스 크레브스(Hans Krebs, 1900~1981)의 구연산 회로tricarboxylic acid cycle, TCA cycle 또는 크레브스 회로Krebs cycle의 발견이다.

크레브스는 독일에서 태어난 유대인으로 의학과 화학을 공부했다. 1930년대 초 나치가 집권하자 그는 프라이부르크 대학교University of Freiburg에서 쫓겨났다. 영국으로 건너간 크레브스는 1935년 셰필드 대학교University of Sheffield에 자리를 잡았고 대사분야에서 신기원을 이룬 발견을 했다. 1937년 크레브스는 비둘기의 가슴근육에서 구연산이 계속 재생되면서 생명체의 에너지원인 ATP가 만들어지는 현상을 발견했다. 대사경로에서 순환적 특성을 발견한 것이었다.

같은 해 크레브스는 이 발견을 정리하여 〈네이처〉에 투고했다. 그러나 이내 보기 좋게 거절당했다. 크레브스의 발견과 이론이 너무나 급진적이라는 이유에서였다. 대사과정이 선형적 경로 외에 순환되는 경로가 있다는 사실을 당시 과학자들은 받아들이기 어려웠다. 어쩔 수 없이 크레브스는 〈효소학Enzymologia〉이라는 독일 학술지에 연구 결과를 발표했다.[41] 그로부터 15년이 지난 후 크레브스는 가장 완벽하고 인상적인 방법으로 〈네이처〉에 복수(?)하는 데 성공했다. 1953년 크레브스가 구연산 회로를 발견한 공로를 인정받아 노벨 생리의학상을 수상한 것이다.

1937년 6월 14일 크레브스가 〈네이처〉 편집장에게 받은 게재 거절 편지는 지금까지도 전해진다. 크레브스는 당시 상황이 충격적이었는지 "50여 편 이상의 논문을 발표했지만 거절당한 것은 이번이 처음이었다"고 회고록에 남기기도 했다. 요즘은 거절이 너무나 일상적이지만 말이다. 한 가지 흥미로운 점은 요즘과 달리, 거절 편지에는 다음과 같이 상당히 완곡한 표현이 많이 등장한다.

〈네이처〉의 편집인은 크레브스 씨에게 찬사를 보냅니다. 하지만 7~8주 동안 〈네이처〉의 지면을 채울 수 있는 충분한 논문을 이미 확보하고 있어 출판이 지연될 수밖에 없기 때문에 더 이상의 논문을 받아들이는 것은 바람직하지 못하다는 점에서 유감스럽게 생각합니다. 크레브스 씨가 만약 그런 지연을 개의치 않는다면 편집인은 논문을 실을 수 있는 희망이 보일

41 Krebs & Johnson. The role of citric acid in intermediate metabolism in animal tissues. Enzymologia. (1937) 4, 148-156

정도로 혼잡이 완화될 때까지 논문을 보관할 준비가 되어 있습니다. 하지만 크레브스 씨가 다른 학술지에 논문을 투고하기를 원한다면 편집인은 논문을 돌려줄 수 있습니다.[42]

방사선면역측정법radioimmunoassay, RIA 개발에 관한 로절린 앨로(Rosalyn Yalow, 1921~2011)의 연구는 또 다른 유명한 사례이다. 앨로는 방사선 동위원소와 항체를 이용하여 혈액 속에 존재하는 미량의 호르몬 양을 측정하는 데 성공했다. 지금은 면역측정법이 없는 체외진단은 상상할 수조차 없다. 그러나 당시의 상황은 이와 달랐다.

〈사이언스〉는 앨로가 투고한 논문 게재를 거절했다. 당시의 면역학적 지식으로는 이 기술을 제대로 이해하고 신뢰하기 어려웠다. 앨로의 논문은 〈임상연구학회지Journal of Clinical Investigation〉에서도 처음에는 거절당했지만 다시 논문 내용을 보완한 후에야 겨우 게재되었다.[43] 그리고 21년이 지난 후 앨로는 가장 인상적인 방법으로 〈사이언스〉에 복수(?)하는 데 성공했다. 1977년 노벨 생리의학상을 수상한 것이다.[44]

2003년 노벨 생리의학상을 받은 라우터버의 MRI에 관한 논문도 마

42 원문은 다음과 같다. "The editor of Nature presents his compliments to Mr. H. A. Krebs and regrets that as he has already sufficient letters to fill the correspondence columns of Nature for seven or eight weeks, it is undesirable to accept further letters at the present time on account of the delay which must occur in their publication. If Mr. Krebs does not mind such delay, the editor is prepared to keep the letter until the congestion is relieved in the hope of making use of it. He returns it now, however, in case Mr. Krebs prefers to submit it for early publication to another periodical."

43 Berson et al. Insulin-I131 metabolism in human subjects: Demonstration of insulin binding globulin in the circulation of insulin treated subjects. J Clin Invest. (1956) 35, 170-190

44 Kahn & Roth. Rosalyn Sussman Yalow (1921 - 2011). Proc Natl Acad Sci USA. (2012) 109, 669-670

찬가지였다. 처음에 〈네이처〉에 거절당했다가 항변을 한 후에야 게재될 수 있었다.[45] 생명공학 역사의 흐름을 통째로 바꾼 캐리 멀리스(Kary Mullis, 1944~)의 중합효소연쇄반응에 관한 초기 논문도 〈사이언스〉와 〈네이처〉에서 거절당한 뒤 〈효소학 방법Methods in Enzymology〉에 게재되었다.[46] 하지만 몇 년 지나지 않아 1993년 멀리스는 노벨 화학상을 수상했다.

이외에도 〈사이언스〉나 〈네이처〉에서 연구 결과의 진가를 알아보지 못한 경우는 여러 차례 있었다. 뿐만 아니라 설사 논문이 게재되더라도 과학계가 이를 수용하는 데 시간이 오래 걸린 적도 많았다. 1945년 노벨 생리의학상을 수상한 알렉산더 플레밍(Alexander Fleming, 1881~1955)의 페니실린 발견, 1958년 노벨 생리의학상을 수상한 조지 비들(George Beadle, 1903~1989)의 유전자-단백질 관계의 발견, 2005년 노벨 생리의학상을 수상한 배리 마셜(Barry Marshall, 1951~)의 헬리코박터균의 발견, 2007년 노벨 생리의학상을 받은 마리오 카페키(Mario Capecchi, 1937~)의 유전자 적중gene knockout 생쥐 기술의 개발 등이 대표적인 사례라 할 수 있다.[47]

유명 학술지는 왜 노벨상을 받을 만한 발견들을 거절했을까? 이는 과학계의 보수성이나 패러다임에 갇혀 연구하는 특징에서 찾아볼 수

45 Lauterbur P. Image formation by induced local interactions. Examples employing nuclear magnetic resonance. Nature. (1973) 242, 190-191

46 Mullis & Faloona. Specific synthesis of DNA in vitro via a polymerase-catalyzed chain reaction. Methods Enzymol. (1987) 155, 335-350

47 Campanario JM. Rejecting and resisting Nobel class discoveries: accounts by Nobel Laureates. Scientometrics. (2009) 81, 549-565

있다. 이러한 특징은 사람의 염색체 개수에 대한 논쟁에서도 다시 한 번 확인된다.[48]

1921년 티오필러스 페인터(Theophilus Painter, 1889~1969)는 사람 염색체의 개수를 48개로 결론 내리고 이를 〈사이언스〉에 발표했다.[49] 이후 30년 동안 많은 과학자들이 이와 유사한 연구를 했지만 결론은 늘 페인터의 결과와 동일했다. 심지어 어떤 과학자는 자신의 연구에서 염색체의 수가 46개로 나타나자 후속 연구를 포기하기까지 했다. 35년이 지난 1956년 앨버트 레반(Albert Levan, 1905~1998)과 조힌 치오(Joe-Hin Tjio 有興 蔣, 1919~2001)에 의해 46개로 수정되었다.[50] 흥미롭게도 염색체 이론이 수정된 후 이전 데이터를 다시 검토하자 그전까지 48개였던 염색체가 46개로 보였다는 점이다.

2003년 익명의 〈네이처〉 편집인은 노벨상 수상의 영예를 차지한 논문의 게재를 거절했던 잘못된 판단에 대해 유감을 표명하기도 했다.[51] 투고한 논문이 영향력지수가 높은 학술지에서 게재를 거절당하면 상당히 안타까울 것이다. 특히 획기적인 가치를 지녔다고 확신하면 할수록 실망감은 더욱 클 것이다. 그렇다고 너무 기죽을 필요는 없다. 한 학술지에서 거절했을 뿐이고, 게다가 오판에 따른 것일 수도 있다. 크레브스의 구연산회로 발견처럼 시간이 지나면 상황이 급반전되어 인정받을 수 있다.

● ● ●

48 Gartler SM. The chromosome number in humans: a brief history. Nat Rev Genet. (2006) 7, 655-660

49 Painter TS. The Y-chromosom in mammals. Science. (1921) 53, 503-504

50 Tjio & Levan. The chromosome number of man. Hereditas. (1956) 42, 1-6

51 Anonymous. Coping with peer rejection. Nature. (2003) 425, 645

알프레드 노벨(Alfred Nobel, 1833~1896)은 그 전해에 인류에게 가장 크게 공헌한 사람에게 노벨상을 수여하라고 유언했다. 사실 19세기 말과 20세기 초에 유행했던 표현은 '인류의 혜택'이었다. 알렉산더 벨(Alexander Bell, 1847~1922)이 〈사이언스〉를 창간한 목적도 인류의 혜택을 위해서였다. 그런데 노벨 생리의학상의 경우 생리학이나 의학 분야에서 가장 중요한 발견을 한 사람에게 돌아가야 한다고도 명시했다. 따라서 노벨이 남긴 두 가지 조건에 따라 노벨 생리의학상은 과학적 발견인가, 아니면 인류에 대한 공헌인가를 놓고 원천적으로 딜레마에 빠질 수밖에 없었다.[52]

하워드 플로리(Howard Florey, 1898~1968)와 언스트 체인(Ernst Chain, 1906~1979)이 페니실린을 정제해서 항생제로서의 약효를 확인하지 않았다면 페니실린의 존재에 대한 플레밍의 발견은 큰 빛을 보지 못했을 것이다. 이 세 사람 모두 1945년 노벨 생리의학상을 받았다. 플레밍이 위대한 과학적 발견을 했다면 플로리와 체인은 인류에게 큰 공헌을 했다. 따라서 이들의 수상은 노벨 생리의학상 수상의 딜레마를 기가 막히게 해결한 것이기도 했다.

알베르트 아인슈타인은 "오늘날 우리가 직면한 문제는 그 문제를 만들어낸 수준에서는 해결되지 않는다"라고 말한 바 있다. 발견의 길과 발명의 길, 기초의 길과 응용의 길, 호기심의 길과 유용성의 길, 그리고 생리학의 길과 임상의학의 길이 있다. 이 길들은 서로 이어지지 않고 멀리 떨어져 있을까? 여기에 영향력지수는 어떤 의미를 지닐까?

52 Thompson GR. The Nobeldilemma: to reward scientific discovery or benefit to mankind? QJM. (2016) 109, 513-514

13
게재가 철회되더라도 인용되는 논문

앞서 말했듯 다른 연구자의 논문을 인용한다는 것은 우선권을 인정하고 파급 효과에 대해 경의를 표하는 과학계의 방식이다. 따라서 피인용 횟수는 논문 또는 연구 성과의 영향력을 판단하는 정량적 지표의 하나로 흔히 사용된다. 그런데 영향력이라는 것을 잘 들여다보면 생각보다 복잡한 문제들이 도사리고 있다. 부정적인 측면에서도 인용이 이루어진다. 이를테면 선행 연구의 잘못을 지적할 때 인용하게 되니까 말이다. 어떤 경우에는 도대체 어떤 점에서 영향을 주었는지 애매하고 모호하기도 하다.

뿐만 아니라 과학 활동에는 여러 가지 편향적인 요소들이 발견된다.[53] 인용도 다르지 않다. 여러 이유에서 인용 편향citation bias이 발생한다.[54] 왜냐하면 임상적 가치가 크고 영향력지수가 높은 학술지에 실린 논문을 인용한다.[55] 인용 편향의 원인을 밝히려면 체계적인 연구가 필요하겠지만, 직관적으로 영향력지수가 높은 연구 결과의 신뢰성과 권위에 대한 믿음이 하나의 이유가 될 수 있을 것이다. 일종의 편승효과가 나타나는 셈이다. 영향력지수가 낮은 학술지에 실린 논문의 결과에 기대어 연구를 확장했다면 그 연구에 대한 중요한 의미를 호소하기 어려울 수도 있다.

영향력지수와 관련한 흥미로운 연구 결과가 하나 있다. 한 학술지의 게재 철회논문과 전체 발표논문의 비율을 철회지수retraction index라고 할 때, 영향력지수는 철회지수와 강한 상관관계를 보인다는 것이다.[56] 달리 말해, 영향력지수가 높은 학술지일수록 철회지수도 높다. 이 상관관계를 어떻게 해석할지에 대해서는 여러 의견이 있을 수 있다. 영향력지수에 대한 무조건적인 숭배를 경계해야 할 필요성도 그중 하나가 될 수 있다. 그렇기 때문에 어떤 학술지에 실렸는가도 중요하지만, 개별 논문이 얼마나 획기적이고 신뢰할 수 있는지를 잘 따져보는 것이 무엇보다도 중요하다.

2015년 말 논문 표절과 철회 감시 사이트로 유명한 "리트랙션 와치

53 Fanelli et al. Meta-assessment of bias in science. Proc Natl Acad Sci USA. (2017) 114, 3714-3719

54 Paris et al. Region-based citation bias in science. Nature. (1998) 396, 210

55 Jannot et al. Citation bias favoring statistically significant studies was present in medical research. J Clin Epidemiol. (2013) 66, 296-301

56 Fang & Casadevall. Retracted science and the retraction index. Infect Immun. (2011) 79, 3855-3859

Retraction Watch"에 게재가 철회된 논문의 피인용 횟수에 관한 짧은 글 하나가 올라왔다. 〈표 5〉는 해당 사이트(http://retractionwatch.com/the-retraction-watch-leaderboard/top-10-most-highly-cited-retracted-papers/)에 게재된 것을 정리한 것이다.

먼저 겉으로 드러난 게재 철회 사유를 보면 8, 9, 10위 논문은 의도하지 않은 단순 실수honest error로 보인다. 5위 논문은 사유가 조금 독특한데, 저자들이 논문에 소개한 프로그램에 사용 제한을 두자 해당 학술지에서 출판 원칙을 위배한 것으로 간주하여 게재를 철회한 경우다. 이에 반해 나머지 6개의 논문은 데이터 위조fabrication나 변조falsification와 같은 연구 부정으로 게재가 취소되었다. 결국 〈표 5〉의 논문들에서 게재가 취소된 가장 큰 이유는 연구 부정행위였다. 학계에서는 위조나 변조 또는 표절plagiarism과 같은 연구 부정행위를 가장 위중하고 심각하게 다룬다.

그렇다면 게재된 논문의 철회가 과학계에서 흔한 일일까? 2001년부터 2010년까지 연간 발표된 논문 편수는 44퍼센트 증가한 반면, 같은 기간 게재 철회 건수는 1000퍼센트 이상 늘어났다.[57] 그럼에도 전체 발표 논문의 0.02퍼센트가량이 철회된 것을 보면 게재 철회가 아주 흔한 일은 아니다. 그렇다면 일반적으로 학술지에 게재된 논문이 취소되는 주된 이유는 무엇일까? 〈표 5〉에서처럼 연구 부정행위 때문일까? 공교롭게도 〈표 5〉의 논문들은 모두 의생명과학 분야의 주제를 다루고 있다. 더군다나 영향력지수가 상당히 높은 학술지들이다.

● ● ●

57 Van Noorden R. Science publishing: The trouble with retractions. Nature. (2011) 478, 26-28

| 표 5 | 최다 피인용 게재 철회 논문(2015년 12월 28일, Web of Science 기준)

순위	저자 및 논문 제목	학술지	발표 연도	철회 연도	철회 전 피인용 횟수	철회 후 피인용 횟수	전체 피인용 횟수
1	Fukuhara et al. Visfatin: A protein secreted by visceral fat that mimics the effects of insulin	*Science*	2005	2007	243	915	1158
2	Wakefield et al. Ileal-lymphoid-nodular hyperplasia, non-specific colitis, and pervasive developmental disorder in children	*Lancet*	1998	2010	640	468	1108
3	Voinnet et al. An enhanced transient expression system in plants based on suppression of gene silencing by the p19 protein of tomato bushy stunt virus	*Plant Journal*	2003	2015	890	156	1046
4	Reyes et al. Purification and ex vivo expansion of postnatal human marrow mesodermal progenitor cells	*Blood*	2001	2009	589	277	866
5	Jobb et al. TREEFINDER: a powerful graphical analysis environment for molecular phylogenetics	*BMC Evolution-ary Biology*	2004	2015	739	76	815
6	Brigneti et al. Viral pathogenicity determinants are suppressors of transgene silencing in Nicotiana benthamiana	*EMBO Journal*	1998	2015	769	23	792
7	Nakao et al. Combination treatment of angiotensin-II receptor blocker and angiotensin-converting-enzyme inhibitor in non-diabetic renal disease (COOPERATE): a randomised controlled trial	*Lancet*	2003	2009	567	124	691

8	Rubio et al. Spontaneous human adult stem cell transformation	*Cancer Research*	2005	2010	332	350	682
9	Valastyan et al. A pleiotropically acting microRNA, miR-31, inhibits breast cancer metastasis	*Cell*	2009	2015	497	96	593
10	Chang & Roth. Structure of MsbA from E-coli: A homolog of the multidrug resistance ATP binding cassette (ABC) transporters	*Science*	2001	2006	439	112	551

1977년부터 2012년 초까지 의생명과학 분야에서 게재가 철회된 2047편의 논문을 분석한 결과가 2012년 〈미국 국립과학원회보PNAS〉에 소개되었다.[58] 이에 따르면 데이터 조작에 따른 철회가 43.4퍼센트로 가장 많았고 중복 출판duplicate publication이 14.2퍼센트, 표절이 9.8퍼센트로 뒤를 이었다. 즉 부정행위 적발에 따른 게재 철회가 67.4퍼센트에 이른 것이다. 이에 반해 단순 실수는 21.3퍼센트에 그쳤다. 38개 연구진의 논문은 데이터 조작으로 5편 이상씩 철회되었고, 이는 조작으로 인한 전체 철회의 43.9퍼센트에 이른다. 즉 연구 부정행위는 한 번에 그치는 것이 아니라 반복될 가능성이 높음을 보여준다.

우리나라는 어떨까? 국가별로 분석했을 때 우리나라는 조작이 세계 7위(2.2%), 표절이 세계 6위(2.5%), 중복 출판이 세계 7위(6.3%)를 차지했다. 이는 우리나라가 연구 부정행위에서 더 이상 청정 국가가 아님을 보여준다.

58 Fang et al. Misconduct accounts for the majority of retracted scientific publications. Proc Natl Acad Sci USA. (2012) 109, 17028-17033

그렇다면 우리나라에서 무슨 일이 있었던 것일까? 2002년에 1만 7675편의 SCI급 논문이 발표되었으나 2016년에는 5만 9628편으로 330퍼센트 이상 늘어났다.[59] 같은 기간 우리나라 논문의 전 세계 논문 점유율이 1.76퍼센트에서 2.62퍼센트로 증가된 것으로 보아 우리나라 학문 공동체 안에서 지적 경쟁과 연구비 경쟁이 날로 가열되고 있음을 보여준다. 더군다나 과학계의 보상 체계가 승자독식이라는 특징을 보이고 있다. 따라서 이를 해결하려면 연구 윤리에 대한 의식과 바람직한 연구 문화가 연구 생산성과 보조를 맞춰야만 한다.

2017년 암 연구 분야에서도 게재가 철회된 논문 571편을 분석한 결과가 발표되었다.[60] 철회된 논문은 기초연구 논문이 65.5퍼센트로, 33.4퍼센트를 차지한 임상연구 논문보다 2배가량 높았다. 철회된 이유를 보면 연구 부정행위가 매우 높은 비율을 차지했다. 조작 28.4퍼센트, 중복 출판 18.2퍼센트, 표절 14.4퍼센트 등 연구 부정행위가 67퍼센트를 차지해 24.2퍼센트에 지나지 않은 단순 실수보다 월등히 높았다. 국가별로 보았을 때 우리나라는 세계 7위(3%)를 차지했다. 물론 연구 부정행위가 최근에 갑자기 늘어났는지, 아니면 연구계의 자정 또는 검증 능력이 향상된 결과로 그렇게 나타났는지는 아직 명확하지 않다.[61] 그러나 과학계에 기만행위가 존재한다는 것은 부정할 수 없는 사실이다.

〈표 5〉에서 보여준 게재 철회 논문의 피인용 횟수는 과학이 생각보

● ● ●

59 e-나라지표(http://www.index.go.kr/main.do)에서 키워드 '논문'으로 검색

60 Bozzo et al. Retractions in cancer research: a systemic survey. Res Integr Peer Rev. (2017) 2, 5

61 Corbyn Z. Misconduct is the main cause of life-sciences retractions. Nature. (2012) 490, 21

다 완벽하거나 정교한 방식으로 작동하지 않는다는 또 다른 사례가 될 수 있다. 먼저 1위 논문을 보자. 이 논문은 2005년 1월에 발표된 후 생화학적 실험 결과의 문제로 2007년 10월에 게재가 철회되었다.[62] 게재가 철회되기 전에는 243회 인용되었고, 게재가 철회된 후로 놀랍게도 900번 이상이나 인용되었다. 앞에서도 언급했듯 "Web of Science"에서 100번 이상 인용된 논문이 전체 논문의 2퍼센트도 되지 않는 점을 감안한다면 이 피인용 횟수는 참으로 놀라운 수치이다. 다른 논문들도 마찬가지로 게재가 철회되었지만 여전히 인용되고 있다.

게재된 논문의 철회는 해당 논문에서 제시한 발견이 더 이상 유효하지 않을 뿐만 아니라 더 이상 다른 연구자의 미래 연구에 영향을 끼쳐서는 안 된다는 것을 의미한다. 그럼에도 게재가 철회된 논문이 왜 계속 인용되는 것일까? 연구 부정행위의 대표 사례로 인용된 것이 아니라면, 우리의 예상과는 달리 철회된 논문에서 제시한 잘못된 발견이 다른 연구자들에게 여전히 영향을 끼치고 있다고 보아야 한다. 그렇다면 잘못된 전제에서 출발한 연구도 유효한 결론에 이를 수 있다는 뜻일까? 이런 것을 보면 한 치의 오차 없이 치밀하고 논리적인 과정에서 과학 지식이 생산되는 것은 아닌 듯하다.

의도적인 조작이 아니더라도 과학계에서는 잘못되거나 틀린 연구 결과가 늘 발표된다. 흥미로운 점은 이런 잘못되거나 틀린 결과를 토대로 성공적인 새로운 발견이 잘 이루어진다는 것이다. 발생학의 아버지로 불리는 에른스트 헤켈(Ernst Haeckel, 1834~1919)이 제안한 '개체발생은 계통발생을 되풀이한다'는 개념이 잘못된 것이었음에도 상당 기간

62 Fukuhara et al. Retraction. Science. (2007) 318, 565

동안 발생학의 발전에 기여했다.

뿐만 아니라 대부분의 사람들이 암은 대부분 바이러스에 의해 생긴다고 믿었던 시절도 있었고, 광우병이 슬로우 바이러스slow virus의 감염으로 발생한다고 생각했던 시절도 있었다. 그리고 이러한 잘못된 이론적 틀에서 많은 발견과 성과를 거두었다. 이렇듯 과학이란 완전히 논리적이지도 합리적이지도 완벽하지도 않은 방식으로 작동된다.

그렇다고 해서 과학이 진실을 추구하지 않는다고 여기면 곤란하다. 거의 대부분의 과학자들은 시간이 갈수록 완벽까지는 아니더라도 점점 더 정확하고 세련된 지식을 제공한다고 여기는 실재론적 입장을 취한다. 실제 논문에서도 '더 잘 이해하기 위해서' 연구를 시작하게 되었다든가, '더 잘 이해하는 데 기여할 수 있다'라는 문구를 자주 발견할 수 있다. 만약 그렇지 않으면 힐러리 퍼트넘(Hilary Putnam, 1926~2016)이 말했듯 과학의 성공은 기적이 되고 만다. 백신과 항생제의 효과는 기적이 아니라 과학의 성과인 것이다.

논문과 인용에 관한 얘기가 나오면 늘 그렇듯 영향력지수 논쟁으로 귀결된다. 앞서 말했듯 유진 가필드는 개별 논문을 영향력지수로 평가하는 것에 경계를 나타냈다. 영향력지수는 학술지에 대한 평가이지, 개별 논문에 대한 것이 아니기 때문이다. 하지만 과학자들은 영향력지수를 비판하면서도 한편으로는 열광하기도 한다. 마치 막장 드라마를 욕하면서도 보는 것처럼 말이다.

그러고 보면 영향력지수와 드라마 시청률은 비슷한 면이 있다. 완성도가 높고 예술적으로 뛰어나다고 해서 꼭 높은 시청률이 보장되는 것은 아니다. 연구 논문도 마찬가지이다. 연구 주제나 방법이 유행을 따라야 하고 연구 결과가 대중적 호기심도 자극해야 한다. 어떤 연구를 하느냐는 선택의 문제이다. 그러나 영향력지수에 굳이 예속될 필요가 있을까라는 질문과 마주칠 때 비로소 현실적인 괴로움이 시작된다.

벤저민 프랭클린(Benjamin Franklin, 1706~1790)은 "인생의 비극은 우리가 너무 일찍 늙고 너무 늦게 현명해진다는 것이다"라고 말하지 않았던가.

14
이색적 논문, 문제적 논문

때로는 지루하고 딱딱한 내용을 풍자적으로 승화시킨 논문이 발표될 때도 있다. 대표적인 사례는 〈뉴잉글랜드 의학저널The New England Journal of Medicine〉에 실린 노벨상 수상과 초콜릿 소모량과의 관계에 관한 연구이다.[63]

이 연구에 따르면, 한 나라의 노벨상 수상자 배출 수와 초콜릿 소모량의 상관관계가 높은 것으로 나타났다. 그렇다면 노벨상 수상자를 배출하려면 초콜릿 소모량을 늘려야 하는가? 이 논문은 상관관계와 인과관계의 혼동이라는 중요한 문제를 매우 유쾌하고 인상적인 방식으

63 Messerli FH. Chocolate consumption, cognitive function, and Nobel laureates. N Engl J Med. (2012) 367, 1562-1564

로 풀어냈다. 이후 이와 유사하게 녹차, 우유, 커피, 와인 소모량 등과 노벨상 수상자 배출과의 상관관계를 보여주는 아류 논문들이 여러 학술지에 실리기도 했다.[64]

이렇듯 예상과 달리 과학 논문에서도 재치와 익살을 찾아볼 수 있다.[65] 더군다나 최근에는 상상하기 어렵지만, 예전에는 엉뚱하거나 기발한 논문들이 발표되기도 했다.

1975년 잭 헤더링턴Jack Hetherington과 공동저자 펠리스 도메스티쿠스 체스터 윌러드Felis Domesticus Chester Willard는 물리학 분야의 저명 학술지인 〈피지컬 리뷰 레터스Physical Review Letters〉에 논문을 게재했다.[66] 지금과 달리 그 당시는 컴퓨터로 논문을 쉽게 작성하고 수정하던 시절이 아닌, 주로 타자기를 사용하던 때였다.

문제의 발단은 타자기로 논문을 작성하는 기술 환경에 있었다. 원래 연구는 헤더링턴 혼자 한 것이었으나 논문을 작성하면서 무심코 'we'

● ● ●

64 Linthwaite & Fuller. Milk, chocolate and Nobel prizes. Pract Neurol. (2013) 13, 63; Ortega FB. The intriguing association among chocolate consumption, country's economy and Nobel Laureates. Clin Nutr. (2013) 32, 874-875; Dunstan F. Nobel prizes, chocolate and milk: the statistical view. Pract Neurol. (2013) 13, 206-207; Loney & Nagelkerke. Milk, chocolate and Nobel prizes: potential role of lactose intolerance and chromosome 2. Evid Based Med. (2013) 18, 120; Maurage et al. Does chocolate consumption really boost Nobel Award chances? The peril of over-interpreting correlations in health studies. J Nutr. (2013) 143, 931-933; Brigo & Nardone. Barbajada (coffee, milk and chocolate): the secret to the Nobel Prize. Evid Based Med. (2014) 19, 120; Li J. Economy and Nobel prizes: cause behind chocolate and milk? Pract Neurol. (2014) 14, e1

65 Witkowski JA. 'Nothing to laugh at at all': humor in biochemical journals. Trends Biochem Sci. (1996) 21, 156-160; Witkowski JA. The liveliest effusion of wit and humor. Trends Biochem Sci. (2001) 26, 747-752

66 Hetherington & Willard. Two-, Three-, and Four-Atom Exchange Effects in bcc 3He. Phys Rev Lett. (1975) 35, 1442-1444

나 'our'과 같은 복수형 인칭 대명사를 사용했다. 여기서 헤더링턴은 타자기로 논문을 완전히 새로 치는 대신 이를 해결할 수 있는 기발한 아이디어를 떠올렸다. 저자를 한 명 추가하는 방식으로 복수형 인칭 대명사 문제를 해결하는 것이었다. 새롭게 추가한 저자로 헤더링턴의 논문은 역사에 길이 남게 되었다.

펠리스 도메스티쿠스는 말 그대로 집고양이라는 뜻이다. 놀랍게도 실제 저자는 고양이었다. 체스트는 헤더링턴이 키우던 고양이 이름이고, 체스트의 아빠 이름은 윌러드였다. 저자의 서명은 체스트의 발 도장으로 대신했다. 하지만 학술지 편집진은 고양이 저자의 정체를 알아차리지 못했다. 이 저자의 정체가 탄로 난 것은 논문이 성공적으로 발표된 후 연구실을 방문한 헤더링턴의 지인에 의해서였다.

고양이도 저자가 되는데 견공이라고 저자가 안 될 이유가 있을까? '위험 모델danger model'로 유명한 면역학자 폴리 매칭거(Polly Matzinger, 1947~)는 1978년 〈실험의학저널Journal of Experimental Medicine〉에 자신의 논문을 발표하면서 갈라드리엘 미크우드Galadriel Mirkwood를 저자로 올렸다.[67] 미크우드는 바로 매칭거가 기르던 개의 이름이었다. 매칭거는 수동형 문장을 쓰는 것을 싫어했고 일인칭 단수 서술은 조금 불안해 보여 'we'라고 논문을 쓰기 위해 미크우드를 저자로 올렸다. 나중에 이 일이 발각된 후 학술지 편집장이 죽을 때까지 15년 동안 매칭거는 〈실험의학저널〉에 논문을 실을 수 없었다.

21세기 들어서도 동물이 논문 저자로 오른 일이 있었다. 2010년 노

● ● ●

67 Matzinger & Mirkwood. In a fully H-2 incompatible chimera, T cells of donor origin can respond to minor histocompatibility antigens in association with either donor or host H-2 type. J Exp Med. (1978) 148, 84-92

벨 물리학상을 수상한 안드레 가임(Andre Geim, 1958~)은 자신의 햄스터 티사H.A.M.S. ter Tisha가 반자기부상을 증명하는 데 큰 기여를 했다고 판단하여 2001년 자신의 논문에 저자로 이름을 올리기도 했다.[68] 오늘날 저자됨authorship과 관련하여 연구 윤리의 시각으로는 상상하기 어렵지만 당시에는 해프닝으로 끝났다.[69]

얼마 전 우리나라의 몇몇 교수들이 중고생 자녀를 논문 저자로 올린 문제가 불거져 〈네이처〉에 소개되기까지 했다.[70] 실험실이 대학 입시의 도구로 전락하거나 사회적 불평등과 차별을 만들어내는 인큐베이터가 되는 것은 매우 심각한 문제가 아닐 수 없다. 또한 이해상충의 문제에 대해 그토록 둔감한 것도 마찬가지다. 어쨌거나 여러 논쟁을 떠나 고양이, 개, 햄스터 저자는 적어도 부당한 이익을 취하지 않았음은 분명하다.

논문 저자와 관련된 재미있는 사례를 마지막으로 하나 더 소개하면 다음과 같다. 조지 가모프(George Gamow, 1904~1968)는 자신이 가르치는 대학원생 랠프 알퍼(Ralph Alpher, 1921~2007)와 화학원소의 기원에 관한 논문을 쓰게 되었다. 가모프는 기발하게도 저자 이름의 발음이 알파와 감마와 유사하다는 생각에 베타를 두 번째 저자로 넣었으면 싶었다.

그러던 차에 가모프는 친구이자 물리학자인 한스 베테(Hans Bethe,

---

68 Geim & Tisha. Detection of earth rotation with a diamagnetically levitating gyroscope. Physica B Condens Matter. (2001) 294-295, 736-739

69 Erren et al. Crediting animals in scientific literature: Recognition in addition to Replacement, Reduction, &Refinement 〔4R〕. EMBO Rep. (2017) 18, 18-20

70 Zastrow M. Kid co-authors in South Korea spur government probe. Nature. (2018) 554, 154-155

1906~2005)를 떠올려 베테를 두 번째 저자로 넣었다. 이로써 알파-베타-감마 저자의 논문이 탄생했다.[71] 더욱 재미난 점은 이 논문이 1948년 4월 1일 만우절에 발표되었다는 것이다.

비타민 C의 발견으로 1937년 노벨 생리의학상을 수상한 알베르트 센트죄르지(Albert von Szent-Györgyi, 1893~1986)는 유머 감각이 풍부했고 익살스러웠다. 그는 처음 비타민 연구를 시작할 때 탄소 6개로 구성된 새로운 물질의 이름을 '이그노즈ignose'라고 지어 〈생화학지Biochemical Journal〉에 투고했다. '이그노즈'는 잘 모른다는 뜻의 'ignosco'와 당이나 탄수화물을 뜻하는 'ose'를 합친 이름이었다. 이에 해당 학술지의 편집장인 아서 하든(Arthur Harden, 1865~1940)은 과학은 엄숙해야 한다는 이유로 논문 게재를 거부했다. 그러자 센트죄르지는 다시 '아무도 모른다God knows'라는 영어 발음과 유사하면서 당을 뜻하는 'ose'를 사용하여 'godnose'라고 이름 붙였다. 이에 편집장은 진지하게 '헥수론산hexuronic acid'이라는 이름을 추천했고, 센트죄르지가 이를 수용하여 논문이 게재될 수 있었다.[72]

위의 논문들이 약간 이색적이었다면 지금부터는 문제적 논문을 하나 소개하고자 한다. 바로 '소칼의 날조Sokal's hoax' 사건으로 잘 알려진 앨런 소칼(Alan Sokal, 1955~)의 논문이다. 이 사건이 왜 일어났는지를 이해하려면 간략하나마 그 배경을 살펴보아야 한다.

과학사회학자들이 과학의 객관성과 합리성에 의문을 제기할 무렵,

● ● ●

71 Alpher et al. The Origin of Chemical Elements. Physical Review. (1948) 73, 803-804

72 De Tullio MC. Beyond the antioxidant: the double life of vitamin C. Subcell Biochem. (2012) 56, 49-65

전 세계는 탈냉전 시대로 접어들면서 무조건적 지원이 보장되던 과학의 황금기는 그 끝을 드러내고 있었다. 1990년대에 접어들자 일부 과학자들이 나서서 과학사회학자의 과학에 대한 무지와 오해가 과학의 위상을 부당하게 훼손하고 깎아내린다고 비판하기 시작했다. 찰스 퍼시 스노(Charles Percy Snow, 1905~1980)가 1959년에 말했던 두 문화의 대립과 갈등이 구체적인 형태로 나타난 것이었다.

1995년 뉴욕 과학아카데미의 후원으로 열린 한 학회에서 생물학자인 폴 그로스와 수학자인 노먼 레빗(Norman Levitt, 1943~2009)은 과학사회학을 창조론과 같은 '반과학anti-science'으로 규정했다. 그러자 이에 맞서 앤드류 로스(Andrew Ross, 1956~)는 자신이 편집인으로 몸담았던 과학사회학자들의 거점 학술지인 〈소셜 텍스트Social Text〉에 '과학 전쟁Science Wars'이라는 제목의 특집호를 신속하게 기획하여 1996년 봄에 출간했다. 사건의 발단은 이 특집호에 실린 논문 중 한 편이 날조된 것임을 논문 저자가 폭로하면서 시작되었다.[73] 과학과 과학사회학 사이의 갈등과 대립이 노골적이고 적대적 방식으로 표출된 것이다.

뉴욕 대학교 물리학 교수 소칼(Alan Sokal, 1955~)은 평소 포스트모더니즘 계열의 학자들이 과학을 제대로 알지도 못하면서 이런저런 논평을 하며 대접받는 것에 불만이 컸다. 소칼은 이들의 행위가 '지적 사기intellectual impostures'에 지나지 않는다는 것을 보여주려고 이들이 과학에 대해 쓴 글에서 멋있어 보이는 부분을 발췌한 뒤 그 구절들을 그럴듯하게 짜깁기하여 엉터리 패러디 논문을 작성했다. 제목은 「경계를 넘어서-양자역학의 변형적 해석학을 위하여」라고 붙였다.

73 이상욱 외. 『과학으로 생각한다』. 동아시아. 2007. pp.306-318

소칼은 이 패러디 논문을 〈소셜 텍스트〉에 게재한 다음,[74] 자신이 엉터리로 논문을 작성한 과정과 패러디 논문을 출간한 사실, 그리고 왜 자신이 그런 일을 했는지에 대해서 「물리학자가 문화 연구를 실험하다」라는 제목으로 인문학 잡지 〈랑구아 프랑카Lingua Franca〉에 폭로했다.[75]

소칼의 사건이 터진 후 다양한 매체에서 수많은 논쟁이 벌어졌고, 훗날 '과학 전쟁'으로 불리게 되었다. 이후 치열한 논쟁이 잦아들면서 두 진영은 과학 전쟁이 벌어지게 된 근본적인 이유를 성찰하기 시작했다.[76] 인문사회과학자나 자연과학자 모두 학문 분야마다 각기 다른 방식으로 용어를 사용하고 증거를 제시한다는 점을 서로 잘 이해하지 못했다. 예를 들면 과학자에게 '참'이라는 용어는 경험적으로 타당한 한시적 진리이지만, 철학자들은 예외 없이 세계와 완벽하게 들어맞는 경우에만 쓸 수 있는 용어이다.

논문과 관련된 해프닝 또는 사건을 접하면서 어떤 생각이 드는가? 그래도 낭만이 있던 시절이었으니까 이런 논문들이 나올 수 있지 않았을까? 몇 년 전에 소칼의 날조처럼 가짜 논문이 파장을 일으킨 적이 있었다. 〈사이언스〉의 과학저널리스트 존 보해넌John Bohanon은 완전히 날조된 엉터리 논문을 작성했다.[77] 곧 이 엉터리 논문은 오픈 액세스

● ● ●

74 Sokal A. Transgressing the boundaries: toward a transformative hermeneutics of quantum gravity. Social Text. (1996) Spring/Summer, 217-252

75 Sokal A. A physicist experiments with cultural studies. Lingua Franca. (1996) May-June, 217-252

76 이상욱 외. 『이공계 학생을 위한 과학기술의 이해』(제5판). 한양대학교출판부. 2010. pp.462-486

open access 학술지의 문제점을 고발하려는 트로이의 목마였다. 참고로 오픈 액세스는 아무 장벽 없이 전 세계 누구라도 무료로 자유롭게 정보를 공유하자는 취지로 시작되었지만 최근 들어 그 부작용이 만만치 않게 나타나고 있었다.

보해넌은 고등학교에서 배운 과학 지식만 있어도 눈치챌 정도로 엉터리 논문을 작성해 304군데의 오픈 액세스 학술지에 투고했다. 그중 255군데에서 답장을 받았고, 이 가운데 놀랍게도 60퍼센트가 넘는 157군데 학술지에서 게재 승인을 받았다. 동료 심사peer review를 하는 오픈 액세스의 경우는 40퍼센트도 채 되지 않았다. 또 이 엉터리 논문의 과학적 문제를 지적한 학술지는 36군데밖에 되지 않았고, 이 중 16군데 학술지는 그럼에도 편집장이 게재 승인을 해주었다. 유일하게 "플로스원PLoS ONE"이라는 학술지만 투고 2주 만에 신속하게 윤리적, 과학적 문제를 지적하면서 게재 거절 판정을 내렸다.

기존의 학술지 구독료는 일반적으로 대학이나 연구기관의 도서관에서 지불하는 방식이었다. 그러므로 도서관은 엄격한 심사로 구독 논문 리스트를 정할 수밖에 없었다. 이와 달리 오픈 액세스 학술지의 특징은 정보 이용자에게 구독료를 받지 않는 대신 저자가 게재 비용을 지불하는 방식이었다. 그러자 저자의 게재 비용을 챙기기에 급급한 약탈적 학술지predatory journal들이 등장하는 부작용이 나타났다. 약탈적 학술지들은 주소와 연락처가 불투명했고 어떤 경우에는 편집인마저 신원 미상이었다. 그러나 게재 비용만큼은 신속하게 요구했고 또 처리했다.

상당수 오픈 액세스 학술지의 약탈적 특성은 미국 콜로라도 대학교

● ● ●

77 Bohannon J. Who's afraid of peer review? Science. (2013) 342, 60-65

의 학술 사서 제프리 벨Jeffrey Beall의 노력으로 매우 구체적으로 알려지게 되었다. 그는 자신의 블로그와 〈네이처〉 등에 칼럼을 게재하면서 약탈적 학술지의 문제점을 신랄하게 비판해왔다.[78] 그리고 보해넌은 엉터리 논문이라는 트로이 목마를 이용해서 그 진상을 낱낱이 파헤쳤다. 이를 통해 보해넌은 벨이 작성한 약탈적 학술지 목록에서 누락된 학술지들도 찾아냈다.

최근 〈네이처〉는 약탈적 학술지에서 신원 미상의 가짜 편집인을 동원한다는 문제점을 폭로했다.[79] 과학계에 기생하는 약탈적 출판사와 학술지들이 날로 경쟁이 치열해지는 분위기를 틈타 활보함으로써 오픈 액세스가 내세운 자유로운 정보 공유와 정보 접근의 비대칭 해소라는 선한 취지가 훼손되고 있다. "뉴스타파"라는 독립 언론의 탐사 보도로 우리나라 역시 예외 아니게 최근 약탈적 학술지와 학회 문제로 홍역을 치르기도 했다.[80]

무엇이 문제일까? 과학자 개인의 논문에 대한 욕망이 문제일까? 과학자를 옥죄고 있는 경쟁적인 환경과 문화가 문제일까? 돈만 벌면 된다고 생각하는 일부 출판사들이 문제일까? 의학적 위생 관념 못지않게 지적 위생 관념도 중요한 때가 되었다. 늘 "윤리 없는 연구란 없다 No research without ethics"는 말을 되뇌자.

78 Beall J. Predatory publishers are corrupting open access. Nature. (2012) 489, 179

79 Sorokowski et al. Predatory journals recruit fake editor. Nature. (2017) 543, 481-483

80 다음 "뉴스타파" 기사를 참고할 것:
https://newstapa.org/43828; https://newstapa.org/43827; https://newstapa.org/43815; https://newstapa.org/43821; https://newstapa.org/43866; https://newstapa.org/43860; https://newstapa.org/43844; https://newstapa.org/43845

IV.
숨은 고민들

뉴욕 양키스의 전설적인 포수 요기 베라(Yogi Berra, 1925~2015)는 "끝날 때까지 끝난 것이 아니다It ain't over till it's over"라는 유명한 말을 남겼다. 과학 연구는 어떠한가? 획기적인 연구 결과를 얻었다 하더라도 논문으로 발표될 때까지 연구는 끝난 것이 아니다.

문제 인식에서 가설 도출, 실험 설계, 실험 수행, 데이터 분석과 해석, 고찰에 이르기까지 과학 연구의 과정 중에서 어느 하나 소홀히 다룰 부분이 없다. 여기에 더해 마지막으로 생명을 불어넣는 작업이 바로 논문 작성이다. 화룡점정 이상의 의미를 지닌다고 해도 과언이 아니다. 따라서 논문 작성은 과학자가 길러야 할 역량 중에서 정점을 차지한다고 할 수 있다.

실험실에서 이루어지는 대부분의 연구 활동은 고스란히 연구 노트에 남는다. 그렇다면 연구 노트의 기록을 잘 요약하면 논문이 될 수 있을까? 과학이 어떻게 작동하는지를 전혀 모르는 사람이 실험실에 와서 연구 과정을 직접 살피고 연구 노트에 기록된 연구 결과와 발표된 논문을 꼼꼼히 대조해 본다면 과학에 대한 실망과 과학자에 대한 배신감으로 충격에 빠질 것이다. 문외한의 입장에서 보면, 논문에서 사실에 기반한 소설 같은 느낌을 받을 수도 있다. 논문은 연구 과정과 결과를 철저히 재구성한 산물이며, 논리는 이러한 재구성을 위한 도구로 사용하기 때문이다.

연구가 어느 정도 진행되어도 가설이 명쾌하게 정리되지 않았거나 명료해지지 않은 경우가 허다하다. 혹시나 싶은 마음에 그냥 한번 실험을 했는데 의외로 결과가 잘 나오면 어떻게 생각의 흐름을 잡아야 마치 계획한 결과를 얻은 것처럼 보일지를 고민하기 시작한다. 예상했던 연구 결과가 나오지 않으면 그제야 그동안 놓친 참고문헌들이 눈에 띄기 시작할 때도 많다. 이러한 어수선한 모습은 논문을 쓰는 도중에 모두 제거되고 자연에 대한 집요한 추궁과 관찰 그리고 이성과 논리의 승리로 포장된다.

이 책의 마지막 부분은 논문과 실제 과학 연구와의 괴리라는 문제에서부터 출발한다. 여기서는 논문 작성에 대한 요령을 구체적으로 다루기보다 논문 작성과 관련된 여러 가지 이론적 배경과 맥락을 다루기로 한다. 이는 과학이 작동하는 방식에 대한 이해의 폭을 넓혀줌과 동시에 논문 작성이 무엇인지, 그리고 논문을 작성하는 데 어떤 소양과 역량이 필요할까라는 고민을 새롭게 던지는 것이기도 하다.

폭넓은 지식과 심층적 사고 그리고 다양한 관점을 지니지 않고서는 새로운 발견을 하는 것도, 논문을 잘 쓰는 것도 쉽지 않다. 늦었다고 생각하지 말고 지금이라도 부족한 부분을 채워가면 된다. 다만 데일 카네기(Dale Carnegie, 1888~1955)의 "자신이 하는 일을 재미없어하는 사람치고 성공하는 사람 못 봤다"라는 말을 유념할 필요가 있다.

15
논문을 쓴다는 것

알베르트 아인슈타인은 "과학이란 일상의 생각을 정교하게 다듬는 것에 지나지 않는다"라고 말했다. 이 말은 과연 무슨 뜻일까?

머릿속에 들어 있는 모호하고 거친 생각들이 논문을 쓰는 동안 간결하고 정교하고 분명하게 정리되고 다듬어진다. 따라서 논문을 쓴다는 것은 바로 추상적인 생각을 구체적인 문자로 표현하는 것이다. 1931년 노벨 생리의학상을 수상한 오토 바르부르크(Otto Warburg, 1883~1970)는 명료하게 논문을 쓰는 것으로 유명했는데 그 비결을 묻자 "나는 열여섯 번이나 고쳐 쓴다"라고 대답했다고 한다.

그렇다면 과학자는 실험가이자 글쓰기에도 능한 작가이어야 하지 않을까? 실험 데이터를 생산하고 분석하는 능력이 매우 중요함은 틀림없는 사실이지만 과학자가 갖추어야 할 여러 역량 중의 일부분일 뿐이다. 진정한 과학자가 되려면 논문을 잘 쓰는 뛰어난 작가로 거듭날 수 있어야 한다. 연구의 전 과정을 재구성하여 지극히 논리적이면서도 지적 쾌감을 불러일으킬 수 있도록 논문을 쓸 수 있어야 하니까 말이다.

혼자서 머리를 싸매고 아이디어를 짜내거나 잠자는 것도 잊은 채 실험실 한편에서 고독하게 실험에 몰두하는 모습은 고단하고 힘든 과학자의 삶을 상징적으로 보여준다. 하지만 실험실 생활에서 정작 제대로 알려지지 않는 힘든 일은 따로 있다. 바로 논문을 쓰는 일이다. 실험실에서 이루어지는 그 어떤 유형의 일도 논문을 쓰는 것만큼 어렵고 힘들지는 않다. 실제 상당수의 학생들이 실험은 곧잘 하면서도 논문을 쓰는 일은 몹시 버거워한다. 그렇다면 한 가지 질문이 생긴다. 생각을 정교하게 다듬는 것이 그렇게나 힘든 일일까?

음식과 논문 사이의 몇 가지 공통점에서 대답을 찾을 수 있다. 요리사나 과학자에게는 모두 장인정신이 필요하다. 재료가 변변치 않으면 맛있는 음식을 만들기 어렵다. 마찬가지로 데이터가 변변치 않으면 제대로 된 논문이 나오기 어렵다. 아무리 좋은 재료라 해도 서로 조화를 이루고 요리 순서를 잘 지켜야만 맛있는 음식이 나올 수 있다. 마찬가지로 아무리 좋은 데이터라 해도 뒤죽박죽 섞인 채 나열하면 제대로 된 논문이 나올 수 없다. 무엇보다도 음식은 먹는 사람의 입맛과 잘 맞아떨어져야 한다. 마찬가지로 제대로 된 논문을 썼다고 해서 아무 학술지에나 투고해서는 안 된다.

이처럼 논문을 잘 쓰려면 기본적으로 좋은 데이터를 확보해야 하고 이를 바탕으로 생각을 정교하게 다듬고 표현하는 것이 중요하다. 이에 덧붙여 무엇보다도 그 생각을 받아줄 학술지도 잘 골라야 함을 알 수 있다. 그렇다면 의생명과학 논문에서 생각을 정교하게 다듬는다는 것이 과연 무엇을 의미하느냐에 관한 문제와 다시 마주하게 된다.

브뤼노 라투르(Bruno Latour, 1947~)와 스티브 울가(Steve Woolgar, 1950~)는 『실험실 생활: 과학적 사실의 구성Laboratory Life: The Construction of Scientific Facts』에서 "실험실은 과학적 사실을 발견할 때보다 논문을 작성하는 데 더 많은 에너지를 쓰는 곳이며 과학자는 대부분 논문 원고를 준비하는 데 많은 시간을 할애한다"고 한 바 있다.

이는 논문을 쓴다는 것이 연구 노트를 단순히 요약하는 작업이 아니라 그 이상의 무엇이라는 것을 의미한다. 라투르는 직접 실험실 생활을 하면서 새로운 과학적 사실은 실험에 참여한 과학자들에 의해 발견되기보다 그들이 벌인 치열한 논쟁과 타협 그리고 합의로 구성된다는 점을 포착했다. 이 말이 맞다면 생각을 정교하게 다듬는 것은 생각을 재구성하는 것까지도 포함한다. 그렇다면 논문에서 다루는 사실은 발견된 그대로의 사실이 아니라 인위적으로 재구성된 사실이다.

물론 과학적 사실이 구성된다는 표현은 적당하게 임의적으로 정해진다는 뜻이 절대 아니다. 과학자들이 논쟁을 거쳐 합의에 이르는 부분은 전문 지식, 가설 도출, 실험 설계, 실험적 증거 획득, 데이터 분석과 해석 및 추론 등의 과정이 얼마나 정확하고 정당하며 신뢰할 만한가를 가리킨다. 다른 과학자의 연구 결과가 재현되고 이를 기반으로 새로운 연구를 진행할 수 있다는 것은 과학자들이 상당히 암묵적이지만 공유화된 규범을 따르고 있다는 뜻이다. 따라서 정치인들의 타협이나 합의와는 전혀 다른 차원이다.

논문을 쓰는 것이 어려운 이유를 또 다른 측면에서도 생각해볼 수 있다. 문자로는 우리의 생각과 행동의 특정 부분만을 선별적으로 표상할 수 있을 뿐, 정확히 대응시키기 어렵기 때문이다. 하지만 논문을 쓴다는 것은 과학자의 생각과 행위 그리고 그로부터 얻은 데이터를 문자와 대응시키는 매우 복잡한 작업이다. 그러다 보니 논문 작성이라는 주제는 언어학적, 정보학적, 역사학적, 사회학적 관점에서도 고려할 만큼 복잡하고 어려운 작업이기도 하다.[1]

이제 논문을 쓰려면 가설을 도출하고 실험을 통해 확증하는 능력 이외의 또 다른 역량을 갖추어야 한다는 점이 분명해진다. 하지만 진짜 문제는 이 능력이 도대체 어떤 것인지 어느 누구도 속 시원하게 설명해주지 않는다는 점이다. 물론 원론적인 설명이야 어디서든 들을 수 있겠지만 수학 공식에 대한 설명을 잘 듣는다고 해서 수학 문제를 다 잘 풀 수 있는 것은 아니다. 이처럼 명료한 지식 전달로 해결될 수 있는 것이 아니라 암묵적으로 익혀야 하기 때문에 어렵고 힘든 것이다.

먼저 실용적으로 접근해보자. 때로는 어떻게 해야 되는지보다 어떻게 하면 안 되는지를 알려주는 것이 더 유용할 때가 있다. 일반적으로 어떻게 해야 하는지에 관한 문제는 범위가 넓고 포괄적이기 때문이다. 어떻게 했을 때 논문 게재가 거절되는지 이유를 살펴보면 논문을 쓴다는 것이 과연 무엇인지 좀 더 실천적 수준에서 구체화할 수 있다.

논문 심사 과정을 아주 짧게 요약하면 다음과 같다. 논문을 학술지에 투고하면 편집장editor-in-chief과 외부 심사위원의 검토 과정을 거친 후에 게재를 수락할지 거절할지가 정해진다. 사실 검토 후 바로 수락

1 Hyland K. Scientific writing. Ann. Rev. Inform. Sci. Technol. (2009) 42, 297-338

되는 경우는 아주 드물고 대부분 수정 후 게재의 과정을 거친다. 거절 당하는 경우에는 투고하자마자 편집장이 며칠 이내로 바로 거절하거나 외부 심사위원이 몇 주 동안 심사를 한 끝에 거절한다.

논문을 투고하자마자 편집장의 손에서 바로 거절당하는 몇 가지 흔한 이유가 있다.[2] 먼저 해당 학술지에서 초점을 두는 핵심 주제의 범위에서 벗어나는 경우이다. 두 번째로는 누구나 예측할 수 있기에 논문에서 언급한 발견이 그다지 새롭지 않은 경우이다. 세 번째로는 인과관계를 설명하는 기계적 원리, 즉 기전을 밝히지 못하고 현상만 단순히 묘사하는 데 그친 경우이다. 네 번째로는 주제나 질문이 학술지의 주 독자층에게 흥미를 끌지 못하는 경우이다. 다섯 번째로는 논문을 너무 엉성하게 작성한 경우이다. 마지막으로 연구 윤리에 문제가 있는 경우이다. 안타깝게도 이럴 경우에는 대부분 제대로 된 심사평도 들을 수 없다.

외부 심사위원의 게재 거절을 당하는 이유도 몇 가지 공통점이 있다.[3] 외부 심사위원은 해당 논문과 관련된 연구 분야의 전문가이기에 편집장보다 훨씬 더 전문적이고 구체적으로 심사를 진행한다. 먼저 실험 설계가 적절하지 못하거나 빈약하거나 아니면 결함이 있는 경우이다. 두 번째로는 주장이나 결론에 논리적 허점이 많은 경우이다. 데이터가 제대로 결론을 뒷받침하지 못하는 경우도 마찬가지다. 세 번째로는 연구의 이론적 토대가 부족하거나 문제를 적절하게 정의하지 못하

● ● ●

2 El-Omar EM. How to publish a scientific manuscript in a high-impact journal. Adv Digestive Med. (2014) 1, 105-109

3 Benos et al. How to review a paper. Adv Physiol Educ. (2003) 27, 47-52

는 경우이다. 문제 인식이 잘 공유되지 않거나 가설 또는 연구 목적이 모호한 경우도 마찬가지다. 이외에도 편집장이 바로 거절하는 점과 비슷한 이유로 거절될 수 있다.

여기에서도 한 가지 고충이 있다. 이런 거절 이유가 여러 가지 맥락에 따라 얼마든지 달라질 수 있다는 것이다. 비슷한 실험에 또 비슷한 공력을 들였다 해도 어떤 질병을 연구하느냐 또는 어떤 유전자를 연구하느냐에 따라 게재 가능성이 달라진다. 임상적으로 중요한 주제인가, 실험 방법이 적절한가, 많은 과학자가 풀고 싶어 하는 문제인가, 새로운 돌파구나 전기가 마련될 수 있는가 등에 따라서도 큰 차이를 보인다. 무엇보다도 학술지에 따라 논문의 의미와 중요성에 관한 판단이 조금씩 다르다. 앞서 강조했지만 의생명과학은 법칙과 원리보다 맥락과 가치를 더 중요하게 여긴다.

이렇게 보면 논문을 쓴다는 것은 끊임없이 질문을 던지는 작업이기도 하다. 지금 무엇을 하고 있는가? 어떻게 해야 하는가? 왜 해야 하는가? 이론적 기반이 확실한가? 분석 방법은 타당한가? 실험은 치밀하게 설계되었는가? 무엇을 새롭게 발견했는가? 다른 해석의 여지는 없는가? 그 발견이 왜 유용하고 중요한가?

이런 질문에 끊임없이 답을 달고 시간 날 때마다 정교하게 글을 다듬는 것이 중요하다. 『걸리버 여행기』로 유명한 조너선 스위프트는 문체를 가리켜 "적절한 위치에 놓인 적절한 단어"라고 표현했다. 과학자의 문체는 어떤가? 바로 간결하고 분명하고 정확하고 논리적인 단어를 적절하게 배치하는 것이다.

논문을 제대로 써보려고 마음을 다잡아 막상 쓰려고 시도하면 몇 가지 장벽에 부딪혀 좀처럼 진도가 나가지 않을 수도 있다.[4] 먼저 외부 장벽으로, 논문 작성에만 몰두하는 것이 쉽지 않다는 점을 들 수 있다. 논문 작성은 생각을 정리하는 일이기 때문에 실험이나 다른 일과 적절히 병행하는 것이 무척이나 어렵다. 자칫 잘못하면 실험을 할 때 논문 쓰는 것이 떠오르고 논문을 쓸 때 실험하는 것이 떠오르기도 한다. 논문에도 실험에도 집중하지 못하는 날들이 이어진다. 그러다 보면 자연스레 논문 작성이 늦춰지고 흐지부지되고 만다.

내부 장벽으로는, 실험을 하다 보면 습관적으로 다른 일을 자꾸 미루는 점을 들 수 있다. 실험을 끝내고 난 뒤 데이터를 정리하고 분석하는 작업은 금세 마칠 수가 없기 때문이다. 시간에 쫓기고 일에 치이다 보면 논문 작성은 대개 후순위로 밀려난다. 또한 지나치게 완벽을 추구하느라 진도가 잘 나가지 않는다. 여기에 덧붙여 논문 작성에 점점 자신감이 떨어지는 것도 큰 장벽으로 작용한다.

하지만 조금만 더 살펴봐도 논문을 잘 쓰려면 생각의 흐름이나 개념 틀을 만들어가는 훈련이 무엇보다 중요함을 금방 눈치챌 수 있다. 글을 쓰며 고민하다 보면 논리적인 생각의 흐름이 형성되고, 개념 틀이 잡히고 나면 이후부터 글쓰기는 훨씬 더 쉬워진다. 이러한 선순환 구조를 빨리 터득하는 것이 중요하다. 그러려면 늘 끊임없이 주변 동료들과 토의와 토론하는 습관을 들여야 한다. 과묵해서는 안 된다. 비판을 두려워해서도 안 된다. 비판은 엄청난 지적 자극이자 과학의 핵심적인 요소이다. 과학 연구는 생각하는 것보다 훨씬 더 사회적 활동이다.

● ● ●

4 El-Serag HB. Writing and publishing scientific papers. Gastroenterology. (2012) 142, 197-200

또한 논문을 잘 쓰려면 다른 과학자들의 논문을 비판적으로 많이 읽어봐야 한다. 그렇게 논문을 읽거나 쓰기 시작하면 생각하지도 못한 보상이 늘 뒤따른다. 새로운 질문들이 떠오르고 그에 따라 새로운 연구 주제와 관련한 영감과 통찰을 많이 얻게 된다. 한 연구의 마무리는 늘 새로운 연구의 시작점이다. 이는 과학 지식이 얼마나 폭발적으로 증폭되는지를 잘 보여주는 것이기도 하다.

논문은 언제부터 쓰기 시작해야 할까? 논문은 실험이 끝나고 모든 데이터를 모은 뒤에 쓰기보다 훨씬 일찍부터, 즉 가설을 도출하고 실험을 설계할 단계에서 쓰기 시작하는 것이 좋다. 그래야 연구 초기 단계에서 문제를 좀 더 분명히 정의하고 연구 의미와 중요성을 명확하게 파악할 수 있다. 연구 결과를 정리하고 발표하기 위해 논문을 쓰지만 더 나은 연구 계획을 세우기 위해서도 필요하다. 좋은 아이디어가 떠올랐을 때 제목과 서론을 써 내려가면 생각을 체계화하고 확장해 나가는 데 큰 도움이 될 수 있다. 늘 논문을 쓰듯 글을 쓰면서 생각을 정리하는 습관을 들이면 생각하는 힘이 그만큼 커진다.

논문을 쓴다는 것이 무엇인지 끊임없이 묻다 보면 어느덧 막다른 어느 지점에 다다른다. 바로 자기 자신과의 대화이자 성찰이다. 그동안 실험실 생활에 대한 후회가 밀려오고 부족한 점을 반성한다. 그리고 초심으로 돌아가 새로운 각오를 다진다. 물론 돌아갈 초심이 있어야 하고, 설사 있다 해도 실행으로 잘 연결되지는 않지만 말이다. 비록 이러한 성찰과 각오가 미약해도 자신을 발전시키는 충분한 동력이 될 수 있다.

이런 면에서 과학자에게 인문학적 소양이 매우 중요하다는 것은 당연하게 보인다. 하지만 실제로는 이런 견해에 대한 반감도 크다. 이는 1965년 노벨 물리학상을 받은 리처드 파인먼(Richard Feynman, 1918~1988)이 말했다고 널리 알려진(실제인지는 확실하지 않다) "새에게 조류학이 도움이 되지 않듯이 과학자에게 과학철학이 도움이 되지 않는다"라는 말에서도 잘 드러난다.

마지막으로, 학생들이 늘 알고 싶어 던지는 질문이다. "논문을 잘 쓰는 방법을 쉽고 빠르게 배울 수 있을까?" 유클리드(Euclid, 기원전 323~기원전 285)는 프톨레마이오스 1세에게 이렇게 말했다. "학문에는 왕도가 없다."

16

구조화된 형식

1956년 노벨 화학상을 받은 시릴 노먼 힌셜우드(Cyril Norman Hinshelwood, 1897~1967)는 1951년 출간된 『물리화학의 구조The Structure of Physical Chemistry』에서 "과학은 무수히 많고 흥미롭지 않은 사실들의 단순한 수집이 아니라 이러한 사실들을 만족스러운 패턴으로 정리하려는 우리 마음의 시도이다"라고 했다. 이 말은 논문 작성에서 재구성과 구조화라는 작업이 얼마나 중요한지를 잘 대변해주고 있다.

일반적으로 말하는 연구의 절차는 대략 이렇다. 먼저 문제를 정의하고 구체적인 질문을 한다. 이어 이 질문에 대한 잠정적인 해답, 즉 가설을 세운다. 가설은 문헌을 검색하거나 간단한 예비 실험을 거쳐서 도출할 수 있다. 그런 다음 가설을 받아들일지 버릴지를 결정하기 위해 실험을 설계하고 수행한다. 물론 최적화된 실험 조건에서 변수를 통제하고 분석법의 타당성을 확인하는 작업에 소홀하지 않는다. 마지막으로 실험 결과를 해석하고 평가하여 가설의 지지 여부를 판단한다. 이 판단에는 어떤 편향도 개입되지 않는다. 오직 실험적 증거의 안내를 받으며 이성의 명령에 따를 뿐이다.

다른 과학자들이 발표한 논문을 읽더라도 마찬가지이다. 그들은 먼저 선행 연구를 치밀하게 검토하여 다른 과학자들이 그동안 놓쳤던 기존 연구의 문제점이나 부족한 부분을 기가 막히게 찾아낸다. 그런 다음 이를 바탕으로 체계적이고 논리적인 방식으로 명료하게 가설을 도출해낸다. 이 가설에 따라 한 치의 흐트러짐 없이 분자 수준에서 동물 수준에 이르는 통제실험controlled experiment을 설계하고, 엄밀하고 정확하게 실험을 수행하여 새로운 과학적 발견 또는 성취에 이른다. 도무지 빈틈이 보이지 않는다. 철저하고 완벽한 가설과 실험 설계 및 데이터 분석을 거쳐 필연적으로 결론에 다다른다. 어쩌면 숙명이라고 말하는 편이 더 맞을지도 모른다. 과학자들은 놀라울 정도로 이러한 능력이 탁월해 보인다.

그런데 실험실에서의 연구 과정은 과연 그렇게 이루어질까? 정말 실상이 그럴까? 당연히 그렇지 않다. 과학자는 신이 아니다. 연구를 진행하는 도중에 저지른 실수나 우연한 기회에 새로운 단서를 얻는 경우가 허다하다. 탐사적으로 이런저런 실험을 해보다가 의도치 않게 중요한 실마리를 얻는 경우도 부지기수다. 연구 의미를 어떻게 세우느냐에 따라 연구의 갈래 길이 정해지기에 처음부터 확실한 것은 없다. 그러나 논문에는 우연히 또는 예기치 않게 연구가 시작되었거나 연구를 진행했다고 절대 쓰지 않는다. 그렇게 하면 전문적이지도 과학적으로 보이지도 않기 때문이다. 논문의 그럴듯한 가설은 재구성의 결과일 뿐 실상은 그렇지 않다.

이는 복잡한 실험실 연구의 아주 일부 장면에 지나지 않는다. 경우에 따라서는 연구가 마무리되어 가는 시점에서 연구 결과의 의미를 강조하기 위해 가설을 수정하기도 한다. 논문을 쓰다가 논리적 허점을 발견하면 이를 메우기 위해 뒤늦게 실험 데이터를 보충하기도 한다. 학술지에 투고한 논문이 게재 거절 판정을 받으면 다른 학술지에 투고하기에 앞서 가설을 수정하는 예도 허다하다. 어떨 때는 데이터는 그대로 두고 가설부터 고찰까지 전체 내용을 완전히 뜯어고치기도 한다. 물론 실험 데이터나 결과가 설계에 따라 순차적으로 얻어지는 것은 절대 아니다. 충격적일 수 있지만 실제 연구는 논리적 순서를 따르기보다 임기응변식인 경우도 많다.

앞에서도 언급했지만, 1960년 노벨 생리의학상을 수상한 면역학자 피터 메다워는 어느 강연에서 과학 논문은 사기라고 말했다. 물론 과학 논문이 진짜 사기나 위조라는 뜻은 절대 아니었다. 과학 논문은 철저한 재구성의 산물이기 때문에 과학적 발견을 이끄는 과정을 완전히 오해하게 한다는 면에서 사기나 조작이라는 의미였다. 그만큼 실제로 이루어진 연구 과정과 논문에 제시된 과정 사이에 매우 큰 간극이 있다는 뜻이다.

논문은 철저히 성공한 역사의 기록이다. 실제 실험은 실수와 실패로 점철되는데, 그러한 실험의 기록은 논문에서 철저히 배제된다. 닐스 보어(Niels Bohr, 1885~1962)의 "전문가란 굉장히 좁은 분야에서 벌어질 수 있는 온갖 실수를 전부 저지른 사람이다"라는 말이 무색해진다. 가설이 아름답고 매력적으로 보일수록 그렇게 하기 위해 숱한 우여곡절과 고민의 시간을 보냈다는 뜻이다.

그렇다면 왜 과학자들은 연구가 이루어진 과정을 있는 그대로 쓰지 않을까? 최초의 과학 전문 학술지인 〈철학회보〉가 처음 발간된 17세기에는 지금처럼 연구 논문을 재구성해서 작성하는 수고를 하지 않았다. 당시의 논문은 표준화되지 않은 편지 형식이었고 연구 내용을 있는 그대로 시간 순서대로 상세히 기록했다. 즉 읽는 사람이 머릿속에 생생하게 그려낼 만큼 재현적인 묘사였다.

하지만 〈철학회보〉가 발간되고 350년의 시간이 흐르면서 많은 변화가 일어났다. 먼저 과학자의 수가 엄청나게 늘어났다. 과학이 전문화되면서 여러 분과 학문으로 분화되었다. 학문 분과의 자의식은 학술지와 학술대회 등으로 표출되고 구체화되었다. 과학 지식은 폭발적인 성장을 거듭했다. 하루가 다르게 새로운 실험 모델과 방법이 개발되었다. 연구 중심 대학이 탄생했고 과학 행정기구가 등장했다. 이런 변화들 속에서 과학 학술지도 진화를 거듭한 끝에 오늘에 이르렀다.

앞서 말했듯이 오늘날 대부분의 의생명과학 분야 학술지는 서론, 방법, 결과, 고찰로 이루어진 'IMRAD'를 논문의 기본 형식으로 채택한다. 이는 물론 종설 논문review article이 아니라 원저original article에 해당한다. 이처럼 모듈화 된 구조는 논문을 읽으면서 생각을 정리하고 주요 부분을 기억하기에 용이하다. 또한 논문 전체를 읽지 않더라도 특정 정보를 효율적으로 접근하고 수집할 수 있다. 뿐만 아니라 학술지 편집인이나 외부 심사위원이 논문을 심사하기에도 편리하다. 따라서 IMRAD 형식은 과학 지식이 엄청나게 생산되고 유통되는 요즘 시대에 적합하고 유리한 면이 크다.

그렇다면 언제부터 IMRAD 형식을 사용했을까? 루이 파스퇴르(Louis Pasteur, 1822~1895)의 저서에서 그 흔적을 찾아볼 수 있다.[5] 1876년 『발효에 관한 연구Etudes sur la Biere』에서 파스퇴르는 IMRAD와 유사한 형식으로 책 내용의 흐름을 전개했다. 1940년 이후 전문 학술지에도 명시적으로 IMRAD 형식의 논문이 나타나기 시작했다. 그렇다 해도 1970년대까지 한 학술지에 모든 논문이 IMRAD 형식을 취한 것은 아니었다.[6] 1972년에 이르러 미국표준협회American National Standards Institute는 IMRAD 형식을 과학 논문 출판의 표준으로 채택했다.[7] 1980년에 접어들자 대부분의 학술지에서 이 형식을 수용했다.

오늘날 학술지들은 IMRAD 형식에 더해 제목, 저자, 초록, 핵심어, 사사, 참고문헌을 필수 요소로 채택하고 있다. 하지만 학술지에 따라 결론을 따로 두거나 결과와 고찰을 하나로 합치기도 한다. 또한 부록이나 보충 정보를 포함하기도 한다. 여기서 한 가지 강조할 점은 모든 학술지를 아우르는 동일하고 획일적인 표준이 없다는 것이다. 각 학술지마다 조금씩 다른 고유한 논문 형식이 있다. 또한 학술지에 따라 글자 또는 단어의 수, 참고문헌의 수, 그림과 표의 수, 제목의 길이 등에 제한을 두기도 한다.

● ● ●

5 Wu J. Improving the writing of research papers: IMRAD and beyond. Landscape Ecol. (2011) 26, 1345-1349

6 Sollaci & Pereira. The introduction, methods, results, and discussion (IMRAD) structure: a fifty-year survey. J Med Libr Assoc. (2004) 92, 364-367.

7 Day RA. The Origins of the Scientific Paper: The IMRAD Format. Am Med Writers Assoc J. (1989) 4, 16-18.

물론 〈철학회보〉 이후 논문의 형식적인 측면에만 변화가 일어난 것은 아니었다. 문장의 스타일에도 큰 변화가 있었다. 18세기 이후 실험 기구가 개발되면서 과학 연구에 기계적 객관성이 중요하게 인식되기 시작했다. 이에 따라 1인칭 대명사의 사용이 줄고 수동형 문장 사용이 크게 늘어났다. 물론 지금은 학술지마다 수동형 사용에 정도의 차이는 있다. 문장 구조는 매우 간결해지고 화려한 미사여구의 사용이 급격히 사라졌다. 과학 지식과 실험 방법에 대한 전문용어의 사용이 대폭 늘어나면서 이제는 대학원 이상의 전문교육을 받아야만 논문을 읽고 이해할 수 있게 되었다.

뿐만 아니라 정량 분석 방법이 늘면서 실험 데이터를 그림이나 표로 표현하는 방식이 완전히 자리 잡았다. 이제는 그림이나 표에서 제시한 데이터만 이해해도 논문의 상당 부분을 파악할 수 있다. 대부분의 과학자는 새로운 논문을 접하면 제일 먼저 제목을 보고 그다음 초록을 읽는다. 그런 후 그림과 표로 옮겨가 데이터를 살핀다. 웬만한 논문이 아니면 서론, 결과, 고찰을 모두 꼼꼼히 읽는 경우는 흔치 않다.

한 가지 분명한 점은 현재 우리가 아는 논문 형식은 진화의 산물이라는 것이다. 이 말은 오늘 이 시간에도 논문 형식이 진화하고 있음을 의미한다. 빅데이터, 딥러닝, 인공지능과 같은 키워드들이 언론 지면을 장식하는 4차 산업혁명의 시대를 거치면서 논문 형식이 또 어떻게 변할지 모를 일이다. 논문이 구조화되고 전문용어의 사용이 크게 늘어난다는 것은 기계가 점점 이해하기 쉬워진다는 뜻이기도 하다.

형식은 음식을 담는 그릇과 같다. 그릇이 좋으면 맛있는 음식이 더 돋보일 수 있다. 마찬가지로 좋은 형식에 좋은 글은 연구 결과를 더욱 돋보이게 한다. 하지만 그릇이 좋다고 해서 맛없는 음식이 맛있게 되는 것은 아니다. 연구 결과도 마찬가지다. 이러한 사실은 세월이 흐르고 환경이 바뀌어도 변하지 않을 것이다.

논문 형식이 구조화되면서 보여주지 않는 부분이 크게 늘어났다. 먼저 가설과 실험 결과의 피드백 상호작용이다. 앞서 말했듯 논문을 쓰기 전까지는 가설이 좀처럼 명료화articulation되지 않는다. 실험 결과가 나오고 이를 해석하면서 가설은 계속 수정되고 정교하게 다듬어진다. 이는 다시 추가적인 실험의 방향을 안내하여 논리적 흐름과 임상적 의미를 높일 수 있도록 해준다. 이와 같은 가설과 실험 결과의 피드백과 상호보완적 상호작용은 논문에 전혀 담기지 않는다. 또한 실제 연구는 모순과 역설에 대처하는 과정의 연속이지만, 논문에서는 이러한 우여곡절과 대응 전략은 전혀 찾아볼 수 없다.

다음으로 실험 방법의 타당성 확인validation과 최적화optimization 과정이다. 논문에는 사용한 방법의 특이성, 민감도, 정밀성, 정확성 등에 관한 자료를 보여주지 않기에 실험의 타당성을 제대로 평가하기 어렵다. 최적화 과정 역시 논문에 잘 포함되지 않기 때문에 실험적 노하우를 파악하기가 쉽지 않다. 실험 방법만 전문적으로 다루는 학술지도 제법 등장했지만 그것만으로는 부족하다.

실험실 구성원들이 공식적으로 또는 비공식적으로 아이디어를 교환하고 실험 결과를 따져보고 앞으로의 실험 설계를 토론하는 등의 활동에 관한 기록은 논문에서 절대 찾아볼 수 없다. 이런 일련의 과정을 잘 살펴볼 수 있는 방법이 있다면 실험을 수행할 때 엄청나게 큰 도움이 되겠지만 안타깝게도 현실은 아직 그러하지 못하다. 그렇기 때문에 실험실에서는 더더욱 상상력이 필요할지도 모른다. 그나마 과학사 영역에서 이러한 문제를 다루지만, 과학자들이 당장 손에 잡히는 이득이 없다고 하여 과학사를 소홀히 대하는 현실은 참 안타까운 일이다. 에른스트 마이어(Ernst Mayr, 1904~2005)도 과학사는 과학자를 좀 더 폭넓게 훈련시킬 수 있는 좋은 수단이라고 했다.

실험실의 일상은 늘 실수와 실패로 가득 차 있지만 이런 모습도 논문에는 보이지 않는다. 실험실 교육의 상당 부분은 실수와 실패에서 배운다. 실수를 되짚어보면서 실험 과정의 이론적 배경이 탄탄해지고, 실패의 원인을 분석하면서 광범위한 문헌 조사와 비판적 검토를 통해 해당 분야의 전문적 역량을 갖춰가게 된다.

토머스 에디슨의 말처럼, 제대로 된 과학자의 길은 작동되지 않는 많은 방식을 깨닫는 데 있다.

발견과 정당화

문제를 인식하고 해석하는 방식은 직면한 문제에 대해 행동하고 대응하는 방식을 결정한다. 과학자를 단순히 실험하는 사람으로 인식하느냐, 아니면 과학 이론을 주장하는 사람으로 인식하느냐에 따라 실험실 생활은 크게 달라질 것이다.

이와 마찬가지로 과학자들이 단순히 지식을 습득하기 위해 논문을 읽는 것과 지식을 생산하는 방식을 배우기 위해 논문을 읽는 것과는 큰 차이가 날 수밖에 없다. 따라서 실험 방법을 많이 배우거나 독자적인 연구 주제를 일찍 잡는 것도 중요하지만 무엇보다 논문에 관한 인식의 틀을 빨리 갖추는 것이 매우 중요하다. 특히 논문을 한번 써보면 연구가 다시 보이기 시작한다.

그렇다면 어떤 식으로 논문을 바라보아야 할까? 이 질문에 대답하려면 먼저 과학적 탐구가 무엇인지를 살펴볼 필요가 있다. 한스 라이헨바흐(Hans Reichenbach, 1891~1953)는 과학적 탐구를 발견의 맥락과 정당화의 맥락으로, 카를 포퍼는 추측과 반증의 과정으로 구분했다. 철학적 논쟁과는 별개로 실험실에서 연구하는 과학자들에게 이 구분은 과학 연구와 논문을 이해하는 데 효과적일 수 있다.

라이헨바흐나 포퍼의 생각을 달리 표현하면, 과학 연구는 크게 가설을 도출하는 과정과 이를 확증하는 과정으로 나뉜다. 라이헨바흐는 논리적 추론이 정당화의 맥락(가설의 확증 과정)에만 국한되기 때문에 이 부분만 논리실증주의자의 작업 대상이라고 보았다. 포퍼는 가설이 도출되는 과정을 예측불허의 사건으로 보아 규칙화할 수도 철학적으로 다룰 수도 없는 주제라고 생각했다.

그렇다면 가설이 도출되는 과정과 확증되는 과정에는 현격한 차이가 있다는 뜻이다. 지금부터 가설 도출, 가설 확증 그리고 이 둘 사이의 관계를 살펴봄으로써 논문을 바라보는 개념적 틀을 잡는 데 보탬이 되고자 한다. 논문을 보면 가설 도출은 주로 서론에서, 가설 확증은 주로 방법과 결과 그리고 고찰에서 주로 다루어진다.

먼저 가설 도출(발견의 맥락)에 관해 살펴보려 한다. 발견법이나 발견의 논리라는 것이 있을까? 불행히도 그런 것은 존재하지 않으며, 결국 가설이란 원래 맥락과는 상관없이 합리적으로 재구성한 진술일 뿐이다. 새로운 발견에는 개인의 경험, 성격, 취미, 가치관, 세계관 등 아주 복잡한 요인들이 눈에 띄지 않게 작용한다. 아마도 대부분의 과학자들은 이와 같은 견해에 동의할 것이다. 로버트 루트번스타인(Robert Root-Bernstein, 1953~)의 『생각의 탄생Sparks of Genius』이나 『과학자의 생각법Discovering』에는 과학자들이 남긴 유명한 말들이 소개되어 있다.

1918년 노벨 물리학상을 받은 막스 플랑크(Max Planck, 1858~1947)는 "창의적인 과학자들은 명쾌하고 직관적인 상상력이 있어야 하는데 그 이유는 새로운 아이디어는 귀납적인 방법이 아니라 예술적으로 창의적인 상상력에서 나오기 때문이다"라고 했다. 1921년 노벨 물리학상을 받은 알베르트 아인슈타인은 "직감과 직관, 사고 내부에서 본질이라고 하는 심상이 먼저 나타난다. 말이나 숫자는 이것의 표현에 불과하다"며 "과학자는 공식으로 사고하지 않는다"라고 했다. 1928년 노벨 생리의학상을 받은 샤를 니콜(Charles Nicolle, 1866~1936)은 "새로운 사실의 발견, 전진과 도약, 무지의 정복은 이성이 아니라 상상력과 직관이 하는 일이다"고 했으며, 1983년 노벨 생리의학상을 받은 바버라 매클린톡(Barbara McClintock, 1902~1992) 역시 "과학적 방법으로 일을 한다는 것은 내가 직관적으로 알아낸 어떤 것을 과학의 틀 속에 집어넣는 것이다"라고 말했다.

도대체 무슨 말인지는 다음 사례를 보면 좀 더 명확해진다. 아우구스트 케쿨레(August Kekulé, 1829~1896)는 벽난로 앞에서 뱀이 꼬리를 물고 있는 꿈을 꾼 후 벤젠의 분자 구조를 생각해냈다(실제인지는 확실치 않다). 1901년 노벨 물리학상을 받은 빌헬름 뢴트겐(Wilhelm Röntgen, 1845~1923)은 음극선 실험 도중 원래 의도와 상관없이 우연히 엑스선을 발견했다. 예상치 못한 위대한 발견의 뒷이야기는 극적 쾌감을 불러일으키기에 충분하다. 이런 이야기들은 논리와 비논리가 과학이라는 틀 속에서 교묘하게 공존하고 있음을 보여준다.

실험실 활동으로는 연구 결과를 공유하는 랩미팅lab meeting과 다른 과학자들의 논문을 비판적으로 읽는 저널 클럽journal club이 대표적이다. 이런 공식적인 자리에서 토의하다가 문득 아이디어가 떠오를 수도 있지만, 커피를 마시거나 식사를 하면서 이야기를 나누다가 갑자기 좋은 아이디어가 떠오르는 것도 부지기수이다.

이처럼 뜻밖의 발견 사례, 즉 '세렌디피티serendipity'는 또 다른 시사점을 던진다.[8] 새로운 발견에는 매우 논리적인 사고와 합리적인 가설 이외의 다른 요인들이 크게 작용한다는 것을 보여준다. 물론 누구나 그러한 상황에 처한다고 케쿨레나 뢴트겐과 같은 발견을 할 수 있는 것은 아닐 것이다. 여기에는 감수성의 문제가 있다. 목욕탕에 들어간다고 아무나 아르키메데스(Archimedes, 기원전 287~기원전 212)처럼 부력을 떠올릴 수 있는 것이 아니듯.

어떤 순간을 잘 포착하고 이를 그동안 매진해왔던 자신의 일과 연결시킬 수 있는 힘이 있어야 한다. 즉 '주목하기'와 '숙련되기'라는 상호작용적인 두 가지 중요한 요소를 잘 갖추어야만 한다. 이는 "중요한 모든 것은 이를 발견하지 못한 누군가가 이미 봤던 것이다"라는 알프레드 화이트헤드(Alfred Whitehead, 1861~1947)의 말과도, "발견은 누구나 보는 사실을 보는 것과, 아무도 생각하지 못하는 사실을 생각하는 것으로 이루어진다"라고 한 알베르트 센트죄르지의 말과도 일맥상통한다. 모순적이게도 과학은 우연, 영감, 직관, 주관과 같은 요소가 매우 중요하게 작용한다.

흔히 창의적 성과는 천재적인 과학자의 번뜩이는 아이디어나 갑작

• • •

8 Ban TA. The role of serendipity in drug discovery. Dialogues Clin Neurosci. (2006) 8, 335-344; Silver S. The prehistory of serendipity from Bacon to Walpole. Isis. (2015) 106, 235-256

스러운 깨달음에서 이루어지는 것이라고 지나치게 포장되기 일쑤다. 그러면서 과학자의 직관이나 영감이 지나치게 강조되기도 한다. 하지만 여기에는 중요한 문제 하나가 빠져 있다. 연구에 몰두하고 해답 찾기에 골몰하는 과정을 거친 끝에 위대한 발견에 이르게 되었다는 것, 바로 그것이다. 달리 말해, 훈련된 직관과 상상력이 전문성과 노력에 결합함으로써 창의성이 발휘된 것이다. 전문성과 노력이 없다면 우연히 또는 우발적으로 떠오른 두루뭉술하고 어렴풋한 최초의 아이디어가 실험 가능한 구체적인 형태의 가설로 절대 발전하지 못한다.

이제 논문의 서론 부분과 실제 연구 사이의 괴리를 제대로 실감할 수 있을 것이다. 실제 일어난 일은 다음과 같다. 어떤 문제에 몰두하다 보면 우연히 또는 우발적으로 문득 아이디어가 떠오른다. 여기에 전문지식과 논리를 동원해서 재구성하면 그럴듯한 가설이 된다. 이 가설이 해당 분야 과학자들의 관심사에 잘 부합된다면 간단한 예비 실험으로 가설의 타당성을 검토한다. 이때부터 드디어 본 게임이 시작된다. 어떻게 가설을 다듬어야 문제를 명료화하고 중요성을 부각시킬 수 있는지에 대해 고민한다. 아이디어가 나오는 과정은 발산적divergent이지만 이를 가설로 다듬는 과정은 수렴적convergent이다.

가설의 재구성은 개념 문제conceptual problem와 실용 문제pragmatic problem로도 수렴될 수 있다.[9] 먼저 개념 문제는 "침팬지와 인간은 무엇이 다른가?"처럼 세계를 이해하기 위한 질문으로 구성하며 인과관계에 관심을 기울인다. 주로 지식의 틈새를 메우거나 이해의 부족을 채우는 데 초점을 맞춘다. 반면, 실용 문제는 "에이즈 확산을 어떻게 억

9 윌리엄스 & 콜럼 지음. 윤영삼 옮김. 『논증의 기술』. 홍문관. 2008. pp.161-283

제할 것인가?"처럼 해결하고 싶은 상황으로 구성하고 편익의 문제에 관심을 기울인다. 주로 발명이나 개발의 문제이다. 따라서 최초 아이디어가 개념적인지 아니면 실용적인지에 따라 논문 작성의 방향이 나뉠 수 있다. 하지만 최근 들어 한 논문에서 개념과 실용 문제를 모두 다루어 새로움과 유용성을 동시에 보여주는 경향이 늘어나고 있다.

가설 도출과 관련해서 마지막으로 질문하면 실험에 앞서 반드시 가설(추측 또는 이론)이 필요한가에 관한 것이다. 이에 관해 그렇다고 답하는 전통적인 견해도 있지만 최근 등장한 데이터 기반 연구는 뚜렷한 가설 없이 탐사적 목적에서 많이 이루어진다. 즉 실험은 가설을 만들어내기 위한 도구가 될 수 있다는 뜻이다.[10] 유전체학genomics 등 여러 형태의 오믹스omics 실험들이 이러한 목적으로 널리 사용되고 있다. 빅데이터와 인공지능의 시대에 가설이 도출되는 맥락은 전례 없이 달라질 수 있음이다.

가설 도출에 이어 두 번째로는 가설 확증(정당화의 맥락)에 관해서이다. 의생명과학에서 가설의 정당성은 일반적으로 근거(이를테면 실험을 통해 확보한 데이터)가 가설을 얼마나 타당하게 지지하는가로 확보된다. 정당화의 맥락은 일종의 표준을 따르는 것으로 로버트 머튼(Robert K. Merton, 1910~2003)이 말했듯 상당히 규범적인 면이 있다. 다시 말해, 규범적이란 정당화는 어떻게 하느냐가 아니라 어떻게 해야 하느냐에 관한 문제이다. 따라서 정당화의 맥락에는 창의성이 개입할 여지가 많지 않다.

10 van Helden P. Data-driven hypotheses. EMBO Rep. (2013) 14, 104; Kell & Oliver. Here is the evidence, now what is the hypothesis? The complementary roles of inductive and hypothesis-driven science in the post-genomic era. Bioessays. (2004) 26, 99-105

정당화의 맥락에서 매우 중요한 부분은 시험test을 통한 데이터의 확보 문제이다. 데이터는 실험적 시험이나 비실험적 시험으로 수집된다. 우리에게 익숙한 의생명과학 실험은 실험적 시험에, 임상의학에서 환자를 대상으로 수행하는 관찰 연구는 주로 비실험적 시험에 속한다. 시험은 과학자 공동체에서 공유하는 방법을 사용해야 한다(그렇지 않은 새로운 방법이면 그 시험 방법도 정당화해야 한다). 그래서 앞에서도 보았듯 표준적인 실험 방법에 대한 논문은 인용 횟수가 높을 수밖에 없다.

따라서 같은 가설이라도 전문 영역에 따라 그리고 지식의 축적과 기술의 발전 정도에 따라 사용하는 시험의 종류와 강도 그리고 가설 확증의 정도가 달라질 수 있다. 예를 들면 20여 년 전에는 RNA 양을 정량적으로 분석하려면 반드시 노던 블롯northern blot이라는 실험을 해야만 했다. 당시 역전사-중합효소연쇄반응RT-PCR이란 방법은 정량적 분석에 적합한 방법이 아니었다. 하지만 요즘에는 RNA를 정량적으로 분석하기 위해 노던 블롯으로 실험한 논문은 거의 찾아볼 수 없다. 대부분 정량적 RT-PCR 방법을 사용한다.

또 다른 예로 20여 년 전만 해도 인산화효소kinase의 활성을 측정하려면 항체antibody로 효소를 분리하고 동위원소를 사용했다. 하지만 요즘은 대부분 인산화phosphorylation된 아미노산 잔기에 특이적인 항체를 사용하여 기질substrate의 인산화 정도로 효소의 활성을 측정한다. 30여 년 전에 유전자 발현 연구를 하면 노던 블롯 데이터만으로 유전자 발현의 변화를 확증했다고 어느 정도 주장할 수 있었지만 지금은 그때보다 너무나도 복잡한 방식으로 증명해야 한다.

실험에 사용하는 방법은 가설의 확증에만 중요한 것이 아니다. 발견의 맥락에도 중요한 도구가 될 수 있다. 현미경의 사용으로 확보할 수 있는 데이터와 가설 확증의 범위가 크게 확장되었고, 이에 따라 눈에 보이지 않는 세계를 과학의 영역으로 편입할 수 있게 되었다. 현미경이 있었기에 세포가 생명을 구성하는 최소단위라는 것을 알아냈고 세균이 감염병의 원인임을 밝혀냈다. 따라서 실험과 가설 사이에서 일어나는 상호작용은 생각보다 훨씬 복잡할 수 있다.

실험을 통해 얻은 데이터로부터 주장을 이끌어내야 한다는 점에서 정당화의 맥락을 잘 이해하려면 논증argument이 무엇인지를 살펴볼 필요가 있다. 논증은 전제premise와 결론conclusion으로 이루어진 진술을 말한다. 논문에는 전제와 결론 모두 명제(참과 거짓을 구분할 수 있는 문장)라는 언어적 형태로 표현된다. 의생명과학에서 전제는 흔히 실험에서 얻은 데이터, 즉 실험적 증거(근거)에 해당하고, 결론은 저자들의 주장이다. 근거가 없거나 부족한 믿음이나 의견이나 견해는 논증이 아니다. 대체로 실험실에서는 실험 데이터로부터 귀납적으로 결론을 이끌어내고 이를 가설과 비교하여 가설의 수용 여부를 결정한다.

하나의 주장을 위해 여러 하위 주장을 계층적으로 배치하여 논증 구조를 세울 수도 있는데, 이때 전체 논증의 핵심인 주요 주장main claim을 '논제thesis'라고 한다. 논문으로 치면 논제는 논문의 제목에 해당되고 하위 주장들은 결과의 소제목subheading에 대응한다. 따라서 이러한 논증 구조를 잘 파악한다면 논문의 내용을 좀 더 쉽게 이해할 수 있다. 이는 논문에 대한 구조적 접근이 왜 중요한지를 말해주는 것이기도 하다.

그럼에도 의생명과학 분야의 논증이 특히 어렵다고 느낄 수도 있는 데, 이는 숨은 가정이 많으면서도 전문 지식과 개념에 상당히 의존하기 때문이다. 무엇보다도 간접적인 신호 검출 방식을 주로 사용하는 의생명과학 실험 방법의 특성상 결정적인 증거를 확보하는 것이 쉽지 않다는 점을 빼놓을 수 없다. 분석 방법의 타당성은 특이성, 민감도, 정밀성, 정확성 등을 기준으로 확인해야 하지만 논문에서는 찾아보기 힘들다.[11]

지금부터 몇 문단에 걸쳐 아주 간단한 예를 하나 들어보기로 한다. 약물 A의 세포사멸apoptosis 효과를 확인하기 위해 약물 A를 각각 0, 10, 100 nM 농도로 세포에 처리하고 48시간이 지난 후 0, 10, 100 unit/mg에 이르는 카스파제Caspase라는 효소의 활성 데이터를 얻었다고 하자. 이 실험에서 약물 A 처리 이외의 모든 변수를 통제했다고 가정하면 약물 농도(독립변수)와 효소 활성(종속변수) 사이의 관계는 인과관계이다. 만약 변수를 제대로 통제하지 못했다면 상관관계만 말할 수 있다. 어떤 변수가 결과를 일으켰는지 단정 짓지 못하기 때문이다.

먼저 실험 데이터를 분석적으로 설명하면 다음과 같다. 약물 A를 처리하지 않은 대조군 세포에 비해 약물 A를 처리한 세포에서만 특이적으로 효소 활성이 나타났다. 따라서 약물 A가 존재할 때만 효소 활성이 나타났으니 효소 활성은 약물 A에 의해 인과적으로 나타났다고 말할 수 있다. 특히 원인의 강도에 비례하여 결과도 더욱 강하게 나타났기 때문에 인과관계는 더욱 확실하다고 주장할 수 있다.

이 분석적 설명은 그다지 어렵지 않게 이해할 수 있다. 문제는 전문

11 Tiwari & Tiwari. Bioanalytical method validation: An updated review. Pharm Methods. (2010) 1, 25-38

지식이 필요한 그다음이다. 카스파제의 활성이 세포사멸의 생체지표 biomarker라고 가정한다면 실험 데이터(근거)로부터 약물 A가 세포사멸을 유도한다는 결론을 이끌어낼 수 있다. 그런데 이 가정이 정말 맞느냐의 문제가 있다. 필요충분조건이 성립된다면, 즉 카스파제의 활성이 올라가면 세포사멸이 일어나고 세포사멸이 일어나면 카스파제의 활성이 올라간다면 결론을 내리는 데 큰 문제가 없다.

하지만 문제는 의생명과학 분야에서 이런 필요충분조건을 찾아보기 어렵다는 점이다. 실제 세포사멸이 일어나지 않더라도 카스파제의 활성이 관찰될 수 있고 카스파제의 활성이 나타나지 않고도 세포사멸이 일어날 수 있다. 따라서 카스파제와 세포사멸의 관계는 제한적일 수밖에 없다. 그렇기 때문에 또 다른 지표들을 분석하여 결론의 타당성을 추가적으로 더 확인해야 한다. 이러한 점은 의생명과학 연구의 두드러진 특징이기도 하다. 전문 지식을 기반으로 하는 가정과 이런 가정의 타당성에 관한 검토가 근거에서 결론을 도출하는 데 매우 중요한 고려 사항임을 알 수 있다.

이 예는 가장 하위 수준(층위)에서 이루어지는 아주 간단한 형태의 논증이다. 약물 A와 세포사멸 사이의 인과관계가 더 확실해지려면 약물 A가 세포사멸을 일으키는 기전까지 밝히는 것이 중요하다. 그렇지 않으면 부수현상epiphenomenon 등의 문제로 인과관계를 단정적으로 주장하기 힘들다. 더군다나 실험 조건을 아무리 통제하더라도 살아 있는 세포 속에 있는 모든 분자들의 움직임을 다 통제할 수는 없다. 따라서 기전이 확실하지 않으면 인과관계가 반증에 잘 견딜 만큼 견고하다고 말하기가 어렵다.

세포 실험에서 연구 결과를 얻고 난 뒤에는 흔히 동물 실험을 설계하여 이 결과를 다시 확인하려는 절차를 거친다. 이는 분자, 세포, 동물, 환자 수준에 이르기까지 전 영역에서 가설이 확증되면 임상적으로 의미가 있으면서도 가장 강력한 이론으로 받아들이기 때문이다. 영향력지수가 높은 학술지에 투고하기 위한 선행조건 정도로 이해해도 괜찮다.

하지만 조금만 생각해보면 여기에 상당한 문제가 있음이 포착된다. 세포 실험과 동물 실험은 기본적으로 조건이 동일할 수 없기 때문이다. 특히 세포 실험과 달리 동물 실험은 실험 결과 해석이 당연히 더 복잡할 수밖에 없다. 따라서 세포 실험에서 얻은 결과를 동물 실험에서도 확인했다는 말은, 여러 실험 결과에서 몇 가지 정황과 개연성을 놓고 전문가들이 수용할 수 있는 선에서 적절하게 판단했다는 것이지, 단정적 증거로 주장을 이끌어냈음을 뜻하지 않는다.

이쯤 되면 왜 지식의 축적과 기술의 발전에 따라 실험의 강도와 가설 확증의 정도가 달라지는지 감이 잡힐 것이다. 이 말은 과거에는 확실한 증거로 받아들였지만 오늘날에는 불확실한 증거로 여길 수 있다는 뜻이다. 의생명과학에서 발견과 정당화의 문제는 간단히 다룰 수 있는 주제가 아니라는 것이다. 다른 과학자들의 논문을 비판적으로 읽거나 자신의 연구 결과를 논문으로 발표한다는 것이 매우 어려운 이유가 여기에 있다.

여기서 한 가지 중요하게 강조해야 할 점은 가설을 지키려는 간절한 마음에 섣불리 전제(근거)에서 결론(주장)을 이끌어 내거나 이 과정을 왜곡해서는 안 된다는 것이다. 물론 데이터와 같은 근거를 마련하는 실험 단계에서는 더더욱 주의해서 편향이 일어나지 않게 해야 한다. 과학 연구에서 매우 경계해야 할 태도 중의 하나가 내가 틀릴 리 없다는 근거 없는 자신감이다. 이는 과학자의 자세라고 보기 어렵다. 과학 이론은 불변의 진리가 아니다. 오늘은 비판에 견뎌낸다 해도 내일이면 무너질 수 있는 것이 과학 이론이다.

논증의 주제나 데이터의 수집 방식이 다르다고 하여 논증의 구조가 달라지는 것은 아니다. 그렇기 때문에 대개 처음 논문을 접하면 논증의 구조를 파악한다 해도 전문 지식을 토대로 한 숨겨진 가정을 파악하지 못해 논문을 제대로 검토하지 못하는 경우가 허다하다. 따라서 숨겨진 가정을 잘 파악하고 그 가정의 타당성을 평가하는 작업은 과학자의 전문성과 관련된 문제이기도 하다.

가설 확증과 관련해서 마지막 질문을 해보면, 실험 결과의 해석은 늘 선행 지식이나 이론에 의존할 수밖에 없는가이다. 사실 결과의 해석에서는 대체적으로 그러하다. 지식이 없다면 실험 데이터가 무엇을 말하는지 제대로 답변할 수 없다. 하지만 지식이 없어도 새로운 아이디어나 연구 방향은 제시할 수 있다. 발견 당시에는 의미를 찾기 어려운 현상이었으나 나중에 임상적 중요성이 드러난 사례들을 자주 접할 수 있다. 세포사멸이나 자식작용autophagy이 대표적인 사례들이다. 대체로 새로운 관찰은 그 의미가 파악되기 전까지 거의 주목받지 못한다. 앞에서도 말했듯 과학자들은 생각보다 상당히 보수적이다.

마지막으로 가설 도출과 가설 확증의 관계에 대해 살펴보고자 한다. 이를 이해하려면 실험실에서 자주 간과하는 가설과 실험과의 관계에 주목할 필요가 있다. 가설은 대개 개념적이고 추상적 진술이라 경험적 시험이 가능하려면 '시험명제'를 동원해야 한다. 약물 A가 세포를 죽인다는 가설을 생각해보자. 이때 보통 죽은 세포의 수를 헤아리면 쉽게 이 가설을 확증할 수 있다고 여길 것이다. 그런데 죽은 세포라는 개념을 어떻게 정의할까? 개념적 정의로는 관찰 현상에 수치를 부여할 수 있기는커녕 현상이 관찰조차 되지 않는다.

따라서 개념적 정의에 대응하는 '조작적 정의operational definition'가 필요하다. 즉 추상적 개념을 확고한 실체로 변환시키는 물화reification가 필요하며, 이에 따라 세포의 죽음에 대한 물질적 실체를 정의해야 한다. 만약 개념을 물질적 실체에 대응시키지 못하면 시험명제가 도출되지 못하고, 따라서 그 가설은 증명될 수 없다. 다시 말해 세포의 죽음을 물질적 실체에 대응시키지 못한다면 시험명제를 세우지 못해서 적절한 실험도 불가능해진다.

조작적 정의는 1946년 노벨 물리학상을 받은 퍼시 브리지먼(Percy Bridgman, 1882~1961)이 체계적으로 논의한 바 있다. 과학적 용어의 의미는 그 용어의 적용 기준을 제시하는 시험 조작과의 대응으로 명확해진다는 것이 조작주의operationalism의 핵심이다. 쉽게 말하면, 정의된 개념을 시험할 수 있으려면 조작이 필요하다는 뜻이다. 따라서 조작적 정의는 주로 측정 규칙의 성격을 띤다. 따라서 조작적 정의가 가능하지 않는 용어의 사용은 결국 무의한 진술과 물음을 이끌어낼 뿐이다.

요약하면 시험명제는 가설과 실험을 연결해준다. 여기서 유의해야 할 점은 시험명제의 도출은 전공 지식에 의존하며 연구 공동체의 표준을 따라야 하는 규범적 문제라는 것이다. 세포의 죽음을 예로 들어보자. 세포가 죽으면 세포막이 더 이상 선택적 장벽의 역할을 하지 못하기에 세포의 생사 상태에 따라 물질의 투과성이 달라진다. 따라서 세포막에 비투과적인 염색약을 이용하여 세포의 염색 여부를 관찰하면 죽은 세포를 식별할 수 있다.

다시 말해 약물 A가 세포를 죽인다는 가설에서 약물 A는 비투과성 염색약으로 염색되는 세포의 수를 증가시킨다는 시험명제를 이끌어낼 수 있다. 여기서 세포의 죽음이라는 개념적 정의는 비투과성 염색약에 염색되는 조작적 정의에 대응된다. 이는 전문 지식이 없으면 도출되지도 수용되지도 못하는 정의이다.

위에서 잠깐 다루었듯, 일반적으로 의생명과학 연구에는 하나의 가설을 확증하기 위해 서로 다른 여러 시험명제를 동원하여 측정 원리가 각기 다른 여러 가지 실험을 진행한다. 이는 가설과 시험명제의 정확한 대응이 쉽지 않고 특이성이나 민감도와 같은 측정의 한계가 있기 때문이다. 또한 윌러드 밴 오먼 콰인(Willard Van Orman Quine, 1908~2000)이 미결정성underdetermination 문제를 제기했듯 하나의 실험 데이터에서 여러 가지 결론이 도출될 수 있기 때문에 단 하나의 결정적 실험crucial experiment만으로 최종 결론을 내리기는 거의 불가능하다.

따라서 측정 원리가 서로 다른 실험 결과들이 공통적으로 가설을 지지해야만 사실일 가능성이 매우 높아진다. 예를 들면 약물 A의 세포사멸 효과를 확인하기 위해 카스파제의 활성 증가 외에도 주로 포스파티딜세린phosphatidylserine의 세포 밖 노출과 DNA의 파편화fragmentation 여부 등을 추가적으로 측정한다. 즉 세포사멸을 구성하는 이 속성들이 모두 확인되면 해당 가설이 지지될 가능성이 매우 높아진다는 뜻이다. 특히 기전을 밝히는 연구를 보면 실험 데이터는 하나이지만 여러 가지로 해석할 수 있는 유연성이 있기 때문에 서로 다른 여러 가지 실험을 거쳐 확증하는 작업이 반드시 필요하다.

이를테면 약물 A를 세포에 처리했을 때 세포의 수가 더 이상 증가되지도 감소되지도 않은 실험 결과를 얻었다고 가정해보자. 그러면 이는 세포의 성장 자체가 멈춘 것일 수도, 아니면 성장과 사멸이 균형을 맞춘 것일 수도 있다. 그렇다면 이 두 가지 가능성을 확인할 수 있는 후속 실험을 설계해서 미결정성의 문제를 상당 부분 해결할 수 있다.

가설, 시험명제, 실험의 관계에서 볼 때 측정이 매우 중요한 역할을 한다는 것을 알 수 있다. 감각적 경험을 정밀하고 객관적으로 만드는 것이 측정이며, 측정은 현대 과학의 본성에서 볼 때 핵심적인 요소이다. 우리는 실험 데이터를 숫자로 표현하는 것을 당연하게 생각한다. 하지만 자연에 숫자가 내재되어 있지 않기에 자연에 숫자를 붙이는 수량화quantification 과정은 당연하지도 쉽지도 않다. 실제로 19세기 말에 이르러서야 수와 측정에 대한 관념이 분명해졌다. 한편, 이 문제는 예상했겠지만 조작적 정의나 물화의 문제이기도 하다.

그렇다면 과학에서는 무엇을 측정하는 것일까? 세포를 측정하는 것일까? 세포사멸은 측정 가능할까? 과학에서 측정하는 것은 세포(존재자)나 세포사멸(과정)과 같은 대상 그 자체가 아니다. 대상에서 유래되는 속성만 측정이 가능하다. 세포의 부피나 지름과 같은 속성이 측정의 대상이지, 세포 자체는 측정 단위가 존재하지 않는다. 앞에서 보았듯이 조작적 정의도 그 대상 자체가 아니라 속성에 해당하는 것이다. 따라서 과학적 측정은 과학을 환원주의적 성격을 띠게 한다. 대상의 속성을 측정한 결과를 통합하여 대상을 설명하는 방식을 취하기 때문이다.

측정에 동원된 실험 기구들은, 감각 경험의 불완전함을 극복하고 선입관이나 편견을 배제하여 정확하고 객관적인 데이터를 확보한 것으로 여기게 하는 역할을 한다. 하지만 지금 이 시간에도 의생명과학 분야의 많은 과학자들은 이른바 '예쁜 데이터' 또는 '예쁜 이미지'를 얻기 위해 노력하고 있다. 이는 평균적이라기보다 전형적인 이미지를 보여준다는 뜻이다. 물론 여기에는 판단의 기준을 세우는 훈련이 필요하고, 과학자들 사이에서 어느 정도까지 수용할 수 있는지를 잘 알고 있어야 한다. 이런 모습은 정당화의 맥락이 기계적인 과정이 아니라 상당히 탄력적으로 객관성을 추구하고 있음을 보여준다.

마지막으로 실험에 대해 몇 가지 설명을 덧붙이고자 한다. 경험적 시험 방법인 실험은 정당화의 맥락에서 약간 독특한 위치를 차지한다. 요리책 내용을 잘 이해한다고 하여 맛있는 요리를 뚝딱 해낼 수 있는 것이 아니다. 마찬가지로 실험에 대한 이론과 절차를 완벽하게 이해하고 숙지했다고 하여 실험 행위를 잘하고 실험 데이터를 잘 확보하는 것은 아니다. 실험 데이터를 해석하는 방법이나 규칙 역시 명시적으로 설명하는 데에 어려움을 느낄 때가 많다.

왜 그럴까? 흔히 노하우라고 표현할 수 있는데, 언어나 문자로 명료하게 공식화할 수 있는 명시적 지식이 아니라 개인에게 체화된 주관적이고 암묵적인 지식과 관련된 문제이기 때문이다. 이러한 암묵적 지식은 주로 실험실에서 생활할 때 동료들에게 은연중에 배우거나 직접 실험하면서 자신도 모르게 체득되고 내면화된다. 따라서 실험실은 강의실과는 전혀 다른 방식으로 과학자를 기르는 공간이다.

실험은 자연에서 일어나는 식별 가능하고 규칙적인 현상을 인위적으로 발생시켜서 인과관계를 따지는 작업이기 때문에 관찰 연구와 달리 직접 현상에 개입할 수 있다는 강점이 있다. 따라서 원인으로 추정되는 변수를 제외하고 다른 실험 조건을 철저히 통제하여 주어진 조건을 단순화하거나 이상적인 상태로 만든다면 인과관계를 정확하게 파악할 수 있다. 단순화와 이상화를 토대로 하는 이러한 통제실험 또는 구성적 실험에서 변수를 정확하게 통제하지 못하고 특정 현상을 일으킨다면 결과적으로 교란confounding 작용을 격리하지 못했기 때문에 인과관계를 제대로 파악할 수 없다.

한편, 인위적으로 현상을 발생시킨다는 점에서 설계한 실험이 생리학적이나 임상적으로 적절하고 타당한지에 관해 끊임없이 질문을 던져야 한다. 즉 변수 통제와 실험 모형의 적절성 및 타당성은 성공적인 실험의 핵심 열쇠이다. 자칫 잘못하면 실제 일어나는 생명 현상이 아니라 실험실의 특정 조건에서만 나타나는 인위적인 현상에 그칠 수도 있기 때문이다. 그렇게 되면 임상적 의미나 가치를 논할 수 없다.

강조하지만 과학에서 말하는 진리는 한시적이다. 또한 모든 과학자들을 만족시킬 수도 없다. 여기에는 중요한 의미가 담겨 있다. 이는 앞서 말했던 지표와의 필요충분조건 관계 여부나 실험 방법의 불완전성 등의 문제와도 직결된다. A가 B를 일으킨다는 것을 증명하는 듯 보이지만, 실제로는 A가 B를 일으킨다는 것을 아무리 부정하려 해도 부정되지 않음을 증명해야 하기 때문이다. 일종의 이중 부정의 원리이다. 그렇기 때문에 의생명과학 연구를 하는 과학자들은 집요하리만큼 여러 가지 실험을 추가하여 결론 이외의 다른 가능성이나 해석을 철저하게 배제하려고 노력한다. 따라서 연구 결과를 확신하면 할수록 진리는 불확실해지는 역설적 상황에 처하게 된다.

실험의학의 아버지로 불리는 클로드 베르나르는 1865년에 발표한 『실험의학 연구 입문An Introduction to the Study of Experimental Medicine』에서 "실험은 우리의 생각이 옳다는 것을 입증하기 위해서가 아니라 그것의 오류를 통제하기 위해 하는 것이다"라고 말했다.

18
논문과 패러다임

앞에서 언급했듯 실험실 분위기는 상당히 경직되어 있다. 더군다나 주류 이론에 거스르는 아이디어를 떠올리거나 그런 실험 결과가 나오면 먼저 자신의 공부가 부족하거나 실험을 잘못했다고 치부하기 일쑤다. 주류 이론에 대한 맹목적 확신의 모습도 자주 관찰된다. 하지만 계속해서 주류 이론과 다른 결과가 나오면 상황은 심각해진다. 이런 연구를 계속 진행하는 것이 과연 옳은지 심각한 고민에 빠지게 된다. 그냥 다른 연구를 해도 되는데, 연구비도 부족하고 시간도 없는데 굳이 힘든 길을 가야 하나?

의외다. 과학자들이란 원래 이런 사람이었을까? 무엇이 그토록 과학자를 소심하게 만드는가? 비판을 두려워하지 않고 객관적인 실험 데이터의 인도에만 의존해서 합리적인 결론을 내리는 것이 과학자들의 최고 미덕이 아니었는가? 도대체 실험실 생활의 이면에 무엇이 있기에 과학자들은 자신의 소신을 밝히는 데 주저하는 것일까? 카를 포퍼의 엄격한 실험과 반증 가능성은 과연 이상적인 과학의 모습에 지나지 않는 것이었을까?

이러한 질문들은 물론 조금 과장된 표현으로, 최근의 출판과 지적 환경을 보면 반드시 그렇지만은 않다. 학술지의 수가 크게 늘면서 주류 이론에 거스르는 연구 결과를 발표하기가 예전보다 훨씬 편해졌다. 물론 영향력지수가 매우 높은 학술지에 게재하는 것은 여전히 도전적이긴 해도 말이다. 연구 결과만 탄탄하다면 기존 이론과 모순되더라도 게재를 허가해주는 것으로 출판 정책을 마련한 학술지들이 많이 늘어났다.

1962년 토머스 쿤이 『과학혁명의 구조The Structure of Scientific Revolutions』(이하 『구조』)를 출간하기 전까지 '패러다임'은 그리 자주 접하는 용어가 아니었다. 이제 패러다임은 논문을 쓰는 방식을 포함하여 실험실 생활 전반에 막강한 지배력을 과시한다. 따라서 『구조』를 바탕으로 패러다임이 무엇인지 살펴볼 필요가 있다. 물론 패러다임이 실험실의 모습을 온전하게 담아낸다는 뜻이 아니다. 다만 개념적 틀을 제공함으로써 이해를 조금 돕는다는 뜻이다.

패러다임paradigm은 그리스어 '파라데이그마paradeigma'에서 유래했다. 아리스토텔레스는 『수사학Rhetoric』에서 파라데이그마를 가장 뛰어난 모범 사례, 즉 범례exemplar라는 의미로 사용했다. 로마 시대 이후 파라데이그마는 라틴어로 '엑셈플룸exemplum'으로 번역되어 논증 이론에서 다루어졌다. 패러다임이란 단어는 현대까지 사라지지 않고 살아남아 주로 언어학 또는 문법학의 영역에서 '어형 변화표'라는 뜻으로 사용되었다.

그렇다면 『구조』에서 쿤은 패러다임을 어떤 의미로 사용했을까? 마거릿 매스터먼(Margaret Masterman, 1910~1986)은 쿤이 패러다임을 21가지의 다른 의미로 사용했다고 꼬집기도 했지만 쿤의 패러다임은 크게 넓은 의미와 좁은 의미로 나누어 생각해볼 수 있다.

먼저 넓은 의미에서 패러다임은 같은 분야를 연구하는 과학자들이 공동체를 형성하고 자의식을 갖는, 즉 학회를 구성하고 학술대회를 열고 학술지를 발간하는 현상을 설명할 수 있다. 이때 패러다임은 공통적으로 관심을 갖는 주제, 현상을 바라보는 관점, 데이터를 분석하는 방법 등을 포함하는 포괄적인 개념이다. 따라서 학문 분야별로 각기 다른 정체성과 공동체 규범이 만들어진다.

이런 모습은 마이클 토마셀로(Michael Tomasello, 1950~)가 『생각의 기원A Natural History of Human Thinking』에서 말했듯 인간의 생각이 근본적으로 협력적이라는 점에서 볼 때 자연스러운 결과로도 보인다.[12] 문화인류학적 측면에서도 인간은 종교의식을 토대로 집단을 형성하여 동일한 문화 속에서 협력해왔다. 타인과 소통하면서 벌어지는 사회적 문제를 조정하고 해결하기 위해 생각이 진화했다면 패러다임을 통해 지향점을 공유하는 집단이 형성되는 것은 그리 어색한 일도 아니다.

환자의 부검 소견과 생전 임상 소견의 관련성을 연구한 조반니 모르가니가 장기의 손상이 질병의 원인임을 밝힌 후 해부병리학의 토대 위에서 질병과 인체 손상의 관계를 규명하거나 손상을 복구하는 연구

12 마이클 토마셀로 지음, 이정원 지음. 『생각의 기원』. 이데아. 2017. pp.13-20

가 이루어지고 있다. 한편, 그레고어 멘델의 유전법칙 이후 유전자 연구는 분자유전학을 토대로 하여 이루어지고 있다. 이 두 사례는 패러다임의 모습을 잘 보여준다.

이런 패러다임은 과학자를 유인할 만큼 충분히 매력적이다. 패러다임에 의존할 경우 예측이 잘되고 문제가 잘 풀리며 지식이 확장될 수 있기 때문이다. 따라서 대부분의 과학자는 패러다임 안에서 생각하고 행동한다. 그렇기 때문에 과학자 공동체에도 소속될 수 있다. 그렇다면 카를 포퍼가 말했던 비판적 자세와 항구적 개방성이라는 과학의 특징은 이상화된 과학의 모습에 지나지 않는 것이 된다. 또한 윌러드 밴 오먼 콰인이 생각했던 것처럼 기존 지식이 시험을 통해 반증되었다고 해서 포퍼의 생각처럼 당장 폐기할 것이 아니라 수정할 수도 있는 문제이다.

반면, 좁은 의미에서 패러다임은 모범 사례 또는 본보기, 즉 범례를 나타낸다. 새로운 연구를 시작하려 할 때 과학자는 주로 모델이 될 만한 연구 사례를 참조하여 앞으로의 연구 과정을 기획한다. 예를 들어 유전자 A가 세포사멸을 일으킨다는 가설을 떠올려보자. 자연스럽게 다음 질문은 어떻게 증명할 것인가로 넘어갈 것이다. 이에 따라 유전자와 세포사멸의 인과관계와 기전을 밝힌 대표 논문을 찾아본다. 이러한 대표 논문은 범례로 많은 과학자들이 인용하고 있다. 바로 이러한 대표 사례가 패러다임이 된다.

이렇게 보면 과학 연구는 아주 엄격한 규칙의 틀에서라기보다 범례에서 이루어진다고 할 수 있다. 많은 과학자들이 이런 범례를 수용하여 따르면 규범적 성격을 띠게 된다. 실제 과학 연구가 이런 범례에 따라 주도된다는 점에서 좁은 의미의 패러다임은 매우 중요하다.

그렇다면 과학자에게 넓은 의미와 좁은 의미의 패러다임 둘 다 나름 의미가 있다고 볼 수 있다. 범례를 참고하여 연구 공동체가 공유하는 논리적 흐름, 증명 방법, 데이터 해석 방법을 익혀야 함은 물론이고, 이를 토대로 자신의 연구를 구체적으로 진행해야 하기 때문이다. 또한 논문도 연구 공동체가 수용할 수 있는 논리적 재구성 방식으로 써야 한다. 용어 사용 역시 패러다임의 지배를 받는다. 논문의 서론 부분에서 새로운 용어나 개념에 대한 정의나 설명이 있다면 관련 용어들이 아직 연구 공동체에 완전히 수용되지 않았다는 뜻이며, 해당 분야가 여전히 성장하고 있는 중임을 보여준다.

패러다임이 제공하는 틀 안에서 큰 논쟁 없이 이루어지는 잘 조직화된 연구를 쿤은 '정상과학normal science'이라고 했다. 그는 정상과학이 근본 원리에 관한 논쟁을 차단한다고 보았다. 예를 들면 질병이 인체 특정 부위의 손상에 의해 생기는 데 동의하고, 유전자는 DNA로 구성된 염색체의 특정 부위라는 것에 대해 동의한다. 이러한 근본 원리에 의심을 품고 이를 반증하려고 노력하는 과학자는 거의 없다. 패러다임 자체가 늘 비판과 시험에 시달린다면 과학 연구는 오히려 비효율적이 되고 말 것이다. 논쟁이 일어나더라도 패러다임 안에서 주로 국소적인 주제에 한정된다.

쿤은 정상과학의 시기에 이루어지는 대부분의 과학 연구를 '퍼즐 풀이'에 비유했다. 정상과학은 패러다임이 해결할 수 있는 좋은 퍼즐을 선택하도록 안내한다. 그렇기에 정상과학의 특징은 낯설고 새로운 길을 가지 않는다. 다만 패러다임이 제공하는 규칙과 표준의 틀 안에서 연구가 진행된다. 대부분의 과학자는 패러다임의 틀 안에서 미해결 문제를 풀면서 패러다임을 명료화하는 작업에 몰두한다. 쿤은 이런 모습이 성숙한 과학의 징표이며 탐구의 효율성을 높인다고 보았다.

따라서 정상과학의 연구 활동은 상당히 교조적이고 무비판적 성격을 지닌다고 볼 수 있다. 쿤은 『구조』에서 정상과학은 패러다임이 미리 만들어 놓은 고정된 상자 속에 자연을 밀어 넣으려는 시도라고 했다. 그렇기 때문에 어느 패러다임에 기대느냐에 따라 동일한 관찰 내용이 다르게 해석되거나 평가될 수 있다. 따라서 과학의 객관성과 합리성은 기계적으로만 판단할 문제가 아님을 알 수 있다.

패러다임에 의존하게 되면 퍼즐로 환원되지 않는 문제는 외면될 수밖에 없다. 그런 문제는 패러다임이 제공하는 개념이나 도구적 수단으로 잘 풀리지 않기 때문이다. 과학자가 되려는 이유를 살펴보면 흔히 새로운 도구를 활용하여 미지의 영역을 개척하고 세계에 대한 이해를 높이는 것이라고 말한다. 그러나 막상 과학자 공동체에 소속되면 이런 유형의 연구 활동은 거의 하지 않는다.

이러한 모습은 19세기 물리학적 방법이 생리학을 구명할 수 있다는 헬름홀츠(Hermann von Helmholtz, 1821~1894)의 견해에 대해 해부학에 기반한 전통적인 생리학자들이 거세게 반발한 데에서도 잘 드러난다.[13] 이렇듯 정상과학의 틀에서 벗어나면 항상 버거운 반발에 직면한다. 이는 혁신과 제도적 관성의 대립적 문제와 성격이 비슷하다. 또한 카를 만하임(Karl Mannheim, 1893~1847)의 말처럼 지식은 지식을 낳은 사회와 시

● ● ●

13 Darrigol O. Number and measure: Hermann von Helmholtz at the crossroads of mathematics, physics, and psychology. Stud Hist Philos Sci. (2003) 34, 515-573; Haas L. Hermann von Helmholtz (1821-94). J Neurol Neurosurg Psychiatry. (1998) 65, 766

대에 구속될 수 있다.

헬름홀츠는 자신이 기하학과 물리학 지식을 바탕으로 의학 연구를 했기에 생리학적 현상에 관해 수학자나 물리학자가 생각지도 못한 질문과 관점을 갖게 되었다고 말했다. 이는 과학의 발전에서 직업적 주변성professional marginality의 중요성을 보여주는 것이기도 하다. 그렇기 때문에 과학자에게 폭넓은 지식과 소양은 매우 중요한 과제이다. 예를 들면 찰스 다윈은 토머스 맬서스의 『인구론』을 읽고 생존 경쟁에 관한 영감을 얻었다.

정상과학이 근본 원리에 대한 논쟁을 차단한다면 정상과학은 실험실 생활에 큰 영향을 미칠 수박에 없다. 패러다임과 상반되는 실험 결과를 얻거나 변칙 현상을 관찰하면 먼저 패러다임의 문제가 아니라 자신의 오류나 허점을 되짚기 마련이다. 실제로 대부분의 경우 패러다임의 문제가 아닌 것으로 밝혀져 무턱대고 패러다임을 의심하는 것도 큰 문제이긴 하다. 자칫 서툰 목수가 연장만 탓하는 격으로 과학자로서의 역량을 쌓는 데 오히려 방해가 될 수도 있다. 사실 노벨상을 수상한 뛰어난 연구자들 대부분은 어려운 연구 환경에서도 크게 불평하지 않고 최상의 연구 결과를 얻는 데 탁월한 능력을 지녔다.

쿤은 정상과학이 새로움을 겨냥하지 않지만 과학 지식의 확장과 정확성의 향상이라는 점에서 고무적인 활동으로 보았다. 그럼에도 과학 연구는 뜻밖의 새로운 사실을 끊임없이 밝혀내고 새로운 이론을 창안해왔다. 또한 정상과학의 시기에 발전한 분석 기술은 예전에 측정하지 못했던 영역까지 파고들어 연구 영역을 확장했다. 패러다임은 완벽하게 견고한 둑이 아니라 조금씩 물이 새는 둑인 것이다. 그렇다면 이러한 패러다임에 기댄 연구는 결국 패러다임을 흔들고 뒤집을 수 있는 내재적 힘을 키우는 것이라고 볼 수 있다.

포퍼는 추측과 논박이라는 과정으로 과학이 변화된다고 보았지만, 쿤은 정상과학 안의 변화와 혁명적 변화로 구분된다고 보았다. 정상과학 안의 변화는 질서 있게 조직화된 명료한 표준이 있지만, 혁명적 변화에는 그런 표준이 없기 때문에 과학혁명은 합리성과 진보를 따지기가 어렵다.

조금 과장된 느낌은 있지만 쿤은 과학혁명의 과정을 '종교적 개종'에 비유하기도 했다. 마치 바울이 길을 떠나 다마스쿠스로 가는 길에 갑자기 예수를 믿은 것처럼, 과학자도 어느 순간 영감을 받아 갑자기 과학적 세계관을 바꿀 수 있다고 했다. 전향하는 사람들이 많으면 혁명이 이루어지는데, 막스 플랑크는 전향을 거부하고 옛 패러다임을 고수하는 사람들의 장례식을 모두 다 치르면 혁명이 완수된다고 했다. 쿤은 플랑크의 말을 인용하여 "새로운 과학적 진리는 그 반대자들을 납득하게 하고 이해시킴으로써 승리를 거두는 것이 아니라 그 반대자들이 결국 죽고 그것에 익숙한 새로운 세대가 성장하기 때문에 승리한다"고 했다.

윌리엄 하비의 혈액 순환 이론은 패러다임의 전환과 수용에 대해 잘 보여준다. 유럽을 천 년 이상 지배했던 갈레노스의 의학 체계에서 혈액은 간에서 만들어져 말초 조직에서 소모되었다. 하지만 하비는 해부학적 지식과 실험적 방법에서 혈액이 순환한다는 사실을 알아냈다. 하비의 이론이 즉각적으로 받아들여진 것은 아니었다. 1650년 볼로냐 의과대학에서는 혈액 순환 이론을 거부한다는 내용에 서명해야만 박사학위를 주었다. 프랑스에서는 1672년 루이 14세(Louis XIV, 1638~1715)가 하비의 이론을 대중 강연을 통해 널리 보급하게 함으로써 혈액 순환에 관한 격렬한 논쟁이 마무리되기도 했다.[14]

하비의 사례에서 혁명적 발견은 비누적적인 특징을 보인다. 혁명이 비누적적 성격을 띤다는 쿤의 생각은 그의 가장 중요한, 하지만 약간 명료하지 않은 주제 가운데 하나인 '공약불가능성incommensurability'과 연결된다. 공약불가능성은 원래 수학에서 나온 개념으로 유리수인 1과 무리수인 $\sqrt{2}$ 처럼 두 숫자 사이에 공통의 약수가 없다는 뜻이다. 즉 공통의 표준이나 척도로 비교할 수 없다는 의미로 해석할 수 있다. 아니면 두 패러다임 사이에 합리적인 의사소통이 불가능하다는 의미로도 볼 수 있다.

쿤의 공약불가능성은 과학의 분화와 전문화를 이해하는 데 도움을 주었다. 17세기에는 모든 분야를 아우르는 〈철학회보〉라는 학술지에 충분히 만족할 수 있었다. 하지만 그 이후 과학이 세부 전문 분과로 분화되면서 학술지의 수가 엄청나게 늘어났고 각 학술지는 학문적 공동체를 대표하게 되었다. 하위 분과는 서로 다른 패러다임을 토대로 작동하기 때문에 서로 다른 분과 과학자의 일들을 서로 이해하고 소통하기가 어렵다. 실제로 각 분과 학문마다 현상을 바라보는 방식, 용어를 사용하는 방식, 가설을 증명하는 방식 등이 조금씩 다르다.

쿤의 주장이 오늘날의 의생명과학을 설명하기에 적합하지 않다는 많은 반론이 있다. 에른스트 마이어도 『생물학의 고유성은 어디에 있는가

● ● ●

14 Androutsos & Karamanou. Landmarks in the history of cardiology, III. Eur Heart J. (2014) 35, 1774-1775

What Makes Biology Unique』나 『이것이 생물학이다This Is Biology』에서 이러한 문제를 제기하기도 했다. 생명현상을 분자 수준에서 설명하는 분자생물학의 등장을 예로 들면 의생명과학에 혁신을 가져다주었지만 이는 패러다임의 전환paradigm shift이라기보다 패러다임의 확장paradigm extension에 더 가깝다. 물론 여기서의 반론은 넓은 의미로 사용되는 패러다임의 개념에 한정된다.

뿐만 아니라 의생명과학 분야에서는 경쟁하는 두 패러다임이 하나의 패러다임으로 합쳐지는 일도 종종 일어난다. 암 연구를 예로 들면, 암이 발생하는 이유에는 두 가지 패러다임이 있어 끊임없는 세포 증식에서 찾거나 손상된 세포사멸 과정에서 찾았다. 이후 암 발생에서 두 과정 모두 중요하고 서로 배타적인 것이 아님이 밝혀졌다.

쿤의 패러다임이 의생명과학 분야에 딱 들어맞는다고 말할 수는 없지만(사실 굳이 맞아야 할 이유나 용어에 집착할 이유는 없다), 세부 전공과 더불어 학술 모임과 학회지가 만들어지는 모습을 이해하는 데 개념적 틀을 제공해준다. 또한 실험 결과가 정상과학의 테두리 안에 있는 문제를 다루는지, 패러다임의 전환을 이끄는 문제를 다루는지에 따라 새로운 발견을 수용하는 것이 얼마나 힘든지를 짐작할 수 있게 한다. 뿐만 아니라 쿤이 말한 패러다임의 선택과 관련된 정확성, 일관성, 넓은 적용 범위, 단순성, 다산성과 같은 항목은 논문의 고찰 부분을 작성할 때 중요한 논점이 될 수 있다.

실험실에서는 연구 범위를 정하는 방식, 실험을 설계하는 방식, 데이터를 해석하는 방식, 논문을 쓰는 방식을 정한 대로 하기를 강요한다. 이는 패러다임을 습득하는 과정이다. 사실 실험실에서는 별 다른 고민 없이 이를 자연스럽게 받아들인다. 왜 그렇게 해야 하는지에 대해서보다 어떻게 해야 그렇게 잘할 수 있는지에 주로 관심을 기울인다. 당연한 것에 대한 의심이 중요한데도 말이다. 이쯤 되면 기존 학설에 거스르는, 또는 이른바 해당 분야 대가大家의 주장과 반대되는 연구 결과를 발표하는 것이 왜 그렇게 힘든지 이해가 될 것이다. 대가의 추종자는 넘쳐나지만 반대자는 찾기 힘들다. 이 역시 패러다임의 문제와 연결되어 있기 때문이다.

쿤에게 큰 영향을 끼친 루드비크 플레크(Ludwik Fleck, 1896~1961)는 "무엇이든 이미 나에게 익숙한 지식은 항상 체계적인, 증명된, 실용적인, 적절한, 자명한 것으로 보인다. 반대로 낯선 지식 체계는 하나같이 모순된, 증명되지 않은, 비실용적인, 부적절한, 공상적인, 불가사의한 것으로 보인다"라고 말했다.

19
논문의 문학적, 예술적 특징

과학을 전공하지 않은 대다수 사람들은 과학 논문을 어떻게 생각할까? 모르긴 해도 논문은 냉정하고 딱딱하고 어렵고 복잡하고 지루한 내용으로 가득 차 있다고 생각할 것이다. 수치화된 객관적이고 정량적인 데이터와 표현들은 혀를 내두르게 한다. 완전히 틀린 말은 아니다. 하지만 또 반드시 그런 것만도 아니다. 논문에는 과학자들이 자주 간과하는 흥미로운 요소들도 많다.

먼저 의생명과학 논문에는 의인화한 표현들로 넘쳐난다. 어떤 유전자가 다른 유전자의 활성을 통제한다든지 어떤 전사인자의 활성이 세포의 운명을 결정한다든지 어떤 수용체가 호르몬을 인식한다든지 등의 표현들이 자주 사용되는데, 이는 유전자나 단백질의 작용을 물리화학적 방식이 아닌 의인화하여 묘사한 대표적인 사례들이다. 동물을 의

인화한 동화나 만화처럼 과학 논문에도 그런 요소가 있다는 것이 놀랍지 않은가?

여기에 그치지 않는다. 존 로크(John Locke, 1632~1704)는 지식을 전달할 때 은유metaphor를 피해야 한다고 했지만 실제 의생명과학 논문에는 은유적인 표현들도 넘쳐난다. 1953년 4월 25일 〈네이처〉 논문에서 왓슨과 크릭은 DNA가 복제될 때 둘 중 한 가닥은 복사원본이 되고, 염기 사이의 '상보적인 결합'에 따라 새로운 가닥이 만들어져 유전 정보가 충실히 보존된다고 했다.[15] '상보성complementarity'이라는 용어는 원래 1927년 닐스 보어Niels Bohr가 빛의 파동-입자 이중성을 설명하려고 사용했지만, 왓슨과 크릭은 염기 사이의 특이적 결합을 설명하는 데 상보성이라는 용어를 은유적으로 사용했다. 이후 의생명과학 분야에서 상보성은 원래 맥락과는 전혀 다른 의미가 되어버렸다.[16]

왓슨과 크릭의 DNA 구조 발견은 과학사를 통틀어 위대한 업적 가운데 하나라는 점에는 큰 이견이 없다. 첫 논문이 발표된 지 6주가 지난 1953년 5월 30일 왓슨과 크릭은 두 번째 논문을 다시 〈네이처〉에 발표했다. 이 논문에서 그들은 DNA가 4개의 염기로만 구성된 단순한 고분자이지만 염기의 배열 방식에 따라 복잡한 생명현상을 설명하는 가능성을 찾았다.[17] 이를 두고 왓슨과 크릭은 염기 서열의 구성이 유전적 '정보information'를 담고 있는 '암호code'처럼 보인다고 설명했다.

• • •

15 Watson & Crick. Molecular structure of nucleic acids; a structure for deoxyribose nucleic acid. Nature. (1953) 171, 737-738

16 Mazzocchi F. Complementarity in biology. EMBO Rep. (2010) 11, 339-344

17 Watson JD & Crick FHC. Genetical implications of the structure of deoxyribonucleic acid. Nature. (1953) 171, 964-947

이 논문의 중요성은 '정보와 암호'라는 은유적 표현을 사용하여 유전자를 설명했다는 데서 찾을 수 있다. 이 표현은 유전자를 설명하는 전형적인 방식이 되었고 많은 발견에 중요한 통찰을 제공했다.[18] 이후 유전자의 특성이나 기능을 설명하기 위해 정보 테이프information tape, 기억memory, 메시지message, 프로그램program, 청사진blueprint 등 다양한 은유적 표현이 많은 논문에서 사용되었다. 이렇듯 의생명과학 논문은 우리가 생각하는 것보다 문학적, 예술적 요소들이 훨씬 더 많이 존재한다.

은유는 형태나 기능의 유사성을 바탕으로 의미를 바꾸는 것이다. 즉 익숙하지 않은 개념을 친숙한 개념에 대응함으로써 쉽게 의미를 파악하게 도와준다. 은유적 표현을 활용한 설명 방식은 과학과 사회의 중요한 가교 역할을 톡톡히 했다. 그러나 한편으로는 은유적 표현이 남발되고 대중매체에서 무분별하게 과장되면서 부작용이 나타나기도 한다. 예를 들면 유전자가 개인의 정체성과 운명을 결정한다는 유전자 결정론적 대중 담론까지 형성되기도 했다.[19]

이런 유형의 은유뿐만 아니라 실험 데이터를 설명할 때도 자주 은유적 표현이 쓰인다. 효소 활성의 측정값이 올라갔다거나 세포 내 칼슘 농도가 올라갔다는 표현을 아무런 거부감 없이 사용하는데, 이는 양의 많고 적음을 공간상의 위와 아래로 해석하는 은유에 해당된다. 물건을 많이 쌓아 올리면 올릴수록 위로 올라가듯 말이다. 실험 결과

18 Cobb M. 1953: when genes became "information." Cell. (2013) 153, 503-506

19 Nelkin D. Molecular metaphors: the gene in popular discourse. Nat Rev Genet. (2001) 2, 555-559

의 의미를 찾는다거나 아이디어를 교환한다는 말 역시 추상적 개념을 물체에 대응한 은유적 표현이다. 따라서 과학적 표현도 은유를 통해 구조화되고 있다.

왓슨과 크릭의 첫 번째 〈네이처〉 논문에는 또 다른 주목거리가 있다. 이 논문에 소개된 DNA 이중나선 구조의 스케치는 크릭의 아내이자 화가인 오딜 크릭(Odile Crick, 1920~2007)의 작품이다. 오딜은 이중나선 구조를 사실적으로 그리지 않고 특징을 포착하여 상징적으로 재현했으며, 가상의 중앙 세로축을 도입하여 역동성과 더불어 조화, 균형, 완벽함을 극대화했다. 다른 한편으로 이 모양은 야곱의 사다리나 헤르메스의 지팡이 카두세우스caduceus가 연상되면서 DNA가 하느님의 말씀을 전하거나 신과 인간을 이어주는 도구라는 이미지까지 보태졌다.

과학의 역사에서 그 어떤 분자도 DNA 이중나선의 상징적 지위iconic status에 이르지 못했다. DNA 이중나선은 원래의 맥락을 초월하여 생명과학의 전형을 보여주는 이미지라는 점에서 미술사학자 마틴 켐프(Martin Kemp, 1942~)는 DNA 이중나선 이미지를 '현대 과학의 모나리자'라고 비유하기도 했다.[20]

DNA 이중나선 이미지는 영감과 상상력의 원천으로 과학, 예술, 음악, 영화, 건축, 홍보 등 사회의 모든 면에서 각인되었다. 오딜이 보여준 DNA 구조의 시각적 은유는 유전학이 과학을 넘어 문화적 코드로 자리 잡게 해주었다. 이는 과학 논문에서 언어적 은유verbal metaphor뿐만 아니라 시각적 은유visual metaphor도 얼마나 중요한지를 잘 보여준다.

이렇듯 과학에는 예술적 요소가 녹아들어 있다. 사실 과학과 예술의

20 Kemp M. The Mona Lisa of modern science. Nature. (2003) 421, 416-420

만남이 왜 중요한지는 예전부터 인식되어왔다. 근대 의학의 출발을 알린 베살리우스의 해부학은 르네상스 화가 얀 스테반 반 칼카르(Jan Steven van Calcar, 1499~1546)와 함께한 공동 작업의 결과였다. 프랑스 내과의사 트루소(Armand Trousseau, 1801~1867)는 "모든 과학은 예술에 닿아 있다. 모든 예술에는 과학적인 측면이 있다. 최악의 과학자는 예술가가 아닌 과학자이며, 최악의 예술가는 과학자가 아닌 예술가이다"라고 말했다. 막스 플랑크 역시 과학자에게 예술적인 상상력이 필요하다고 강조했다. 로버트 루트번스타인은 『과학자의 생각법』에서 많은 위대한 과학자들이 예술과 문학에 조예가 깊었음을 보여주기도 했다.

"사람들은 실물에 감탄하지 않아도 실물과 비슷하게 그린 그림에는 감탄한다"고 블레즈 파스칼(Blaise Pascal, 1623~1662)은 말했다. '미美'에 대한 경험에서 '쾌pleasure'를 느끼기 때문이다. 그렇다면 과학에 정말 미적 측면이 있는 것일까? 실험을 통해 데이터를 생산한 다음 이를 시각적으로 표현할 때 흔히 미적 개념이 동원된다. 과학자는 실험실에서 "예쁜 데이터를 얻기 위해 노력한다"라는 표현을 자주하는데, 이처럼 미美는 데이터를 선별하고 표현하는 데 매우 중요한 기준이 된다는 뜻이다.

18세기에 제작된 과학 도판을 보면 당시 과학자들은 실제 자연을 있는 그대로 재현한 것이 아니라 전형적이고 이상적인 특징을 포착했음을 알 수 있다.[21] 지금도 의생명과학은 기계적 객관성을 무조건적으로 추종하지는 않는다. 세포 이미지를 보여주더라도 차이를 가장 잘 나타내는 전형적인 부분을 잘 선별하여 제시한다(물론 정량 분석의 결

21 홍성욱 외. 『21세기 교양, 과학기술과 사회』. 나무나무. 2016. pp.224-234

과를 그래프로 보여주는 것은 당연하다). 과학자는 명시적 지식뿐만 아니라 경험과 훈련을 통해 체화되는 암묵적 지식을 바탕으로 이미지를 생산하는 작업에 개입하여 데이터를 판단하고 선별한다.

노우드 핸슨(Norwood Russell Hanson, 1924~1967)의 말처럼 관찰에 이미 이론이 적재되어 있는 것도 부정할 수 없다. 관찰하는 행위는 단순히 쳐다보는 것이 아니라 이론을 바탕으로 일정한 의미를 부여하면서 보는 것이다. 마이클 폴라니(Michael Polanyi, 1891~1976)의 말처럼 이론적 배경이 없다면 엑스선 필름을 보더라도 우리 몸이 어떤 상태인지 이해할 수 없다. 경우에 따라서는 과학자 개인의 가치관이나 삶의 경험이 새로운 발견이나 지식의 획득에 크게 영향을 미치기도 한다. 이는 달리 보면, 가설에 집착해서 편향이나 왜곡이 일어나는 위험을 철저히 경계해야 하는 이유이기도 하다.

일반적으로 과학자는 연구 대상과 감정적으로 거리를 유지하는 객관성을 강조한다. 그러나 이는 실제로 과학이 작동하는 방식과 조금 거리가 있다. 과학에서 핵심적인 지식은 주체와 객체의 엄격한 분리가 아니라 상호작용의 과정에서 얻는 경우가 많다. 그런 면에서 과학 지식을 습득하고 발전시키려면 말로 잘 표현되지 않는 암묵적인 솜씨가 필요하다. 특히 과학 연구에서 이러한 솜씨가 아주 중요하고도 필요한 부분은 바로 관찰이다.

이러한 점은 점핑 유전자 발견으로 1983년 노벨 생리의학상을 수상한 바버라 매클린톡의 일대기를 다룬 에벌린 켈러(Evelyn Keller, 1936~)의 『생명의 느낌A Feeling for the Organism』에서 잘 보여준다. 매클린톡의 동료들이 어떻게 유독 그렇듯 새로운 현상을 잘 찾아내는지를 물어보자, 매클린톡은 "나는 세포를 관찰할 때면 현미경을 타고 세포 속으로 들어가서 거기서 빙 둘러보는 거야"라고 대답한다. 과학자가 대상에 대해 어떤 마음을 갖느냐에 따라 전혀 다른 방식으로 사물을 보게 되며, 과학적 성과도 완전히 달라질 수 있다는 뜻이다. 이어서 매클린톡은 늘 여유 있게 열심히 들여다보며 "대상이 하는 말에 귀 기울여 들을 줄 알아야 한다"고 하면서 "나에게 와서 스스로 얘기하도록 마음을 열고 들어야 된다"고 강조했다.

루트번스타인 부부 역시 『생각의 탄생』에서 매클린톡의 일화를 소개했다. 매클린톡은 "옥수수를 연구할 때 나는 외부에 있지 않았다. 나는 염색체 내부도 볼 수 있을 만큼 그 안에서 그 체계의 일부로 존재했다. 실제로 모든 것이 그 안에 있었다. 놀랍게도 그것들이 내 친구처럼 느껴졌다. 옥수수를 바라보고 있으면 그것이 나 자신처럼 느껴졌다"라고 했다. 매클린톡은 또한 "과학적 방법으로 일을 한다는 것은 내가 직관적으로 알아낸 어떤 것을 과학의 틀 속에 집어넣는 것이다"라고도 말했다.

『생각의 탄생』에는 몇 가지 사례들을 더 소개하고 있다. 젖당 오페론lac operon의 발견으로 1965년 노벨 생리의학상을 수상한 자크 모노(Jacques Monod, 1910~1976)는 "단백질 분자의 기능을 이해하기 위해 단백질과 나 자신을 동일시했다"고 했다. 박테리아의 유전자 재조합에 관한 연구로 1958년 노벨 생리의학상을 수상한 조슈아 레더버그(Joshua Lederberg, 1925~2008)는 '내가 만일 박테리아 염색체의 화학적 조각의 일부라면 어떨까?'라는 생각을 늘 했다고 한다. 그렇게 자문한 후 스스로가 염색체가 되어 주변을 살펴보면서 자신이 언제 어떤 방식으로 기능해야 할지를 알아내려고 했다는 것이다.

이쯤 되면 과학 연구를 하고 논문을 쓰는 데 왜 생각하는 힘이 중요하고 왜 인문학적, 예술적 소양이 필요한지를 충분히 가늠할 수 있지 않을까? 혹시 실험하기도 벅찬데 이런 쓸모없는 데 시간을 쓸 여유가 없다고 생각하는가? 아니면 이미 이러한 소양을 쌓기에는 너무 늦었다고 낙담하고 있는가? 박사는 전문가specialist에 머무는 것이 아니라 사상가thinker가 되어야 하는 것이 아닐까?[22]

경제학자 메이블 뉴컴버(Mabel Newcomber, 1892~1983)는 "문제는 목적지에 얼마나 빨리 가느냐가 아니라 그 목적지가 어디냐는 것이다"라고 말했다.

22 Bosch G. Train PhD students to be thinkers not just specialists. Nature. (2018) 554, 277; Stocker M. How philosophy was squeezed out of the PhD. Nature. (2018) 556, 31

20 논문을 읽는다는 것

오늘날 거의 대부분의 실험실에는 교수, 대학원생, 연구원이 다 같이 모이는 여러 가지 활동이 있다. 그중 논문을 읽고 비판하는 주기적 모임을 흔히 '저널 클럽journal club'이라고 한다. 저널 클럽이 언제부터 시작되었는지는 확실하지 않지만 이 용어는 19세기 중반에 들어서 처음 등장한 것으로 보인다.[23] 그 이전인 18세기 후반에는 독일 괴팅겐 대학을 필두로 연구 토론 수업research seminar이 개설되어 공식 석상에서 암묵적 지식을 어느 정도 다루기도 했다.

참고로 19세기에 과학의 제도화institutionalization가 눈에 띄게 일어났는데, 존 데즈먼드 버널(John Desmond Bernal, 1901~1971)은 이를 '제2차 과

23 Linzer M. The journal club and medical education: over one hundred years of unrecorded history. Postgrad Med J. (1987) 63, 475-478; Topf et al. The evolution of the journal club from Osler to twitter. Am J Kidney Dis. (2017) 69, 827-836

학혁명'이라고 이름 붙였다. 이 시기에 직업 과학자가 등장했고, 대학에 과학 분과와 관련된 학과가 신설되었으며 학회 조직이 정비되는 등 과학의 전반적인 영역에서 제도적 혁신이 일어났다.[24] 이러한 제도적 기반은 과학자를 길러내고 실험실을 운영하는 방식이 전문화하는 데 중요한 자양분이 되었다.

저널 클럽에 관한 기록은 스티븐 패짓(Stephen Paget, 1855~1926)이 쓴 자신의 아버지 제임스 패짓(James Paget, 1814~1899)의 회고록에서 찾아볼 수 있다. 스티븐 패짓은 암 전이를 설명하는 '씨앗과 토양 가설seed and soil hypothesis'[25]을 처음 제안한 인물로 유명하다.[26] 당시 영국 런던에 있는 성 바돌로매St. Bartholomew 병원의 도서관은 너무 비좁아 학술지나 책을 읽을 만한 공간이 없었던 탓에 1835년에 학생들이 저널 클럽을 결성하여 1854년까지 병원 근처의 빵집에서 만나 학술지를 읽거나 카드놀이를 했다고 한다. 이러한 형태의 모임이 공식적인 의학 교육의 도구로 발전했고, 1900년에 이르러 저널 클럽은 의학 교육의 보편적인 도구로 자리 잡았다.

영국이나 독일 등지에서 운영되던 저널 클럽에 대한 소식이 현대 의학의 아버지 윌리엄 오슬러(William Osler, 1849~1919)의 귀에 들어갔다. 그는 1875년 이 저널 클럽을 맥길 대학교에 도입했다. 개별적으로 학술지를 사기에는 너무 비싸 여러 명이 함께 학술지를 읽고 토론하고

24 노에 게이지 지음, 이인호 옮김. 『과학인문학으로의 초대』. 오아시스 2017. pp.120-125

25 Paget S. The distribution of secondary growths in cancer of the breast. Lancet. (1889) 133, 571-573

26 Ribatti et al., Stephen Paget and the 'seed and soil' theory of metastatic dissemination. Clin Exp Med. (2006) 6, 145-149

공유하기 위해서였다. 오슬러의 저널 클럽은 1889년 존스홉킨스 병원에서 처음 저널 클럽을 조직하고 운영하는 데 모형이 되었다. 이후 저널 클럽이 확산되어 20세기 중반이 되기 전에 존스홉킨스 병원의 거의 대부분 과에서 자체적으로 저널 클럽을 운영하게 되었다.

이후 저널 클럽은 실험실 교육에서도 명시적 지식과 암묵적 지식을 동시에 습득할 수 있는 매우 중요한 교육 도구가 되었다. 저널 클럽은 비판적 검토critical appraisal, 실험 설계, 데이터 분석과 해석의 방법, 비판적 추론critical reasoning 등을 배우고 익히는 데 매우 효과적인 교육 수단이다.[27] 이러한 것들은 과학자가 갖추어야 할 핵심 역량core competency이기도 하다. 이러한 역량을 갖추지 못하면 실험하는 행위에만 익숙할 뿐, 정작 제대로 된 과학 연구를 하지 못하는 연구자가 되고 만다.

과학 지식의 한시성과 불완전성에 대해 비판적으로 검토한다는 점에서 저널 클럽은 고대 그리스의 철학자 피론(Pyrrho, 기원전 360년경~기원전 270년경)의 회의주의skepticism 또는 피론주의Pyrrhonism[28]가 실험실이라는 공간에서 구현된 형태라고 할 수 있다. 이는 미셸 드 몽테뉴(Michel de Montaigne, 1533~1592)의 좌우명 "나는 무엇을 아는가?"와 일맥상통하기도 한다. 또한 확실한 진리를 찾으려는 르네 데카르트(René Descartes, 1596~1650)의 방법적 회의와도 맞닿아 있다. 17세기 말을 지나면서 회의주의적 자세는 상당히 일반화되었는데, 책 이름에서 '비판적'이라는 단어가 곧잘 관찰되는 것이 이를 보여주는 사례이다.

27 Bhatnagar et al. Journal club: a club for medical education. J Postgrad Med Edu Res. (2015) 49, 251-253

28 Deming D. Do Extraordinary Claims Require Extraordinary Evidence? Philosophia (Ramat Gan). (2016) 44, 1319-1331

영어 단어 'critical'은 원래 환자의 생사가 갈리는 가장 고비가 되는 순간을 뜻했다. 실험 결과를 비판적으로 검토하고 추론하는 일은 생사의 고비에서 어떤 결정을 하느냐 만큼이나 중요하다고 할 수 있다. 오류가 없고 제대로 신뢰할 수 있는 과학적 지식을 얻는 데 많은 장애 요인들이 있다. 일찍이 프랜시스 베이컨은 이를 두고 네 종류의 우상에 대해 말했다. 수치로 표현되었다고 해서 반드시 편견 없는 지식이라고 단정 지을 수 없다. 따라서 과학자라면 매 순간 비판적 자세를 누그러뜨려서는 안 된다.

물론 저널 클럽에 참가한다고 해서 이러한 역량들이 그냥 갖추어지는 것은 아니다. 시간 날 때마다 끊임없이 비판적으로 논문 읽는 연습을 해야 한다. 논문을 읽는다는 것은 단순히 내용을 파악해서 최신 지식을 습득하는 것 이상의 의미를 가진다. 방법, 증거, 설명력, 경험적 적합성 등 여러 수준에서 비판적으로 논문을 검토해야 한다. 범례로 논문을 읽고, 범례들 사이의 유사성과 차이점을 파악하고 이를 이론적 틀에서 설명할 수 있는 능력을 길러야 한다. 논문을 읽는다는 것이 구체적으로 무엇을 가리키는지 몇 가지로 정리하면 다음과 같다.

첫째, 연구 배경과 문제 정의로부터 가설 도출로 전개되는 과정과 재구성하는 방식 및 그 논리적 흐름을 익히는 것이다. 해당 연구의 중요성을 어떤 식으로 부각시키는지, 문제점을 정의하는 흐름을 어떻게 가져가는지, 연구 목적이나 가설을 어떻게 설명하는지 등을 유심히 살펴야 한다. 이런 면에서 볼 때 논문을 읽는다는 것은 사례 학습을 하는 것이다. 사례를 축적하다 보면 논문 이면에 숨겨진 부분들까지도 끄집어낼 수 있는 안목이 생긴다. 물론 논문에 적혀 있는 흐름은 연구의 초기 단계부터 확고했던 것이 아님을 잘 감안해야 한다.

둘째, 가설을 확증하기 위해 어떤 실험을 채택하고 어떻게 설계해야 하는지 그 근거와 방식을 익히는 것이다. 의생명과학 실험은 대부분 간접적인 방법으로 대상의 속성을 측정하기 때문에 완전무결하지 않다. 따라서 실험이 지닌 내재적 한계를 잘 이해해야 하는 문제가 있다. 이를 위해 목적에 따라 가장 결정적인 단서를 제공하는 실험 방법으로는 어떤 것이 있는지, 또 어떤 실험을 추가적으로 실행해야 증명력을 높일 수 있는지를 잘 알아야 한다. 원리는 다르지만 목적이 동일한 실험에 어떤 것들이 있는지를 파악하는 것도 중요하다. 이와 더불어 인과관계를 파악하기 위해 변수를 어떻게 통제했는지를 익히는 것도 매우 중요하다.

셋째, 데이터를 시각적으로 표현 또는 표상하는 방법을 익히는 것이다. 그래프 형태로 데이터를 보여준다면 주로 x 축은 원인(또는 독립변수)이고 y 축은 결과(또는 종속변수)이다. x 축과 y 축의 의미를 잘 이해한다는 것은 인과관계를 잘 파악한다는 뜻이다. 그래프에 관해 한 가지 더 이야기하면, 선그래프로 나타내는 것이 효과적인지 막대그래프로 보여주는 것이 효과적인지 주장에 따라 달라질 수 있다. 이는 일종의 시각적 은유에 해당된다. 또한 x 축과 y 축을 어떻게 간결하게 정의했는지, 단위는 어떻게 나타냈는지 등에 대해서도 잘 익혀야 한다. 굳이 본문에 적힌 결과를 읽지 않더라도 데이터에서 무엇을 주장하는지를 바로 알아차릴 수 있게 시각화하는 방법을 익히는 것이 중요하다.

넷째, 데이터에서 주장을 이끌어내는 과정, 즉 논증을 익히는 것이다. 음성 대조군이나 양성 대조군과 어떻게 비교해서 설명하고 있는지,

얼마나 정량적으로 설명하고 있는지, 데이터를 달리 해석할 여지는 없는지, 달리 해석될 경우 어떻게 실험을 보충해서 그런 여지를 없앴는지 등을 꼼꼼히 살펴야 한다. 또한 어떤 데이터가 결정적인지, 어떤 데이터가 보충 자료가 되는지, 그 이유와 근거가 무엇인지에 대해서도 잘 알아야 한다. 이는 실험 방법의 한계나 데이터의 증명력과 관련된 문제이기도 하다. 앞에서도 말했지만 실제 논문에는 숨겨진 가정을 바탕으로 전제에서 결론으로 넘어가는 경우가 많은데, 이런 부분을 잘 파악할 수 있어야 해당 분야의 전문가라고 말할 수 있다.

다섯째, 연구 결과와 가설과의 관계에 대해 설명을 해나가는 방식을 익히는 것이다. 연구 결과가 어떤 근거에서 가설을 지지하는지, 기존의 지식과 비교했을 때 비판의 여지는 없는지, 비판의 여지가 있다면 어떤 식으로 대응하는지, 연구 결과가 개념적이나 실용적인 측면에서 어떻게 중요한지, 얼마나 적절하고 타당하게 중요성을 강조하는지, 이러한 것들을 얼마나 논리적으로 설명하는지 등을 잘 살펴봐야 한다. 또한 어느 정도의 범위와 수준에서 이러한 토의들이 진행되고 있는지도 잘 파악하는 것이 중요하다.

마지막으로, 논문의 제목, 결과의 소제목들 그리고 그림과 표의 제목들은 어떻게 붙였고, 어떻게 순서를 정했으며, 논리적으로 서로 부합하는지를 잘 따져봐야 한다. 서론과 고찰 부분에서 서로 모순되는 점이나 논리적 공백이 있지 않은지, 실험 결과들 사이에 모순이나 충돌이 일어나지 않은지 등 전체적인 시각으로 논문을 다시 한번 살펴보는 것이 중요하다.

논문을 비판적으로 읽으라는 말은 논문의 문장이 명석한지clear, 판명한지distinct를 따져보라는 말이기도 하다. 명석하려면 개념을 정의해야 하고, 판명하려면 유사하거나 차이가 나는 개념들을 서로 비교해야 한다. 논문을 비판적으로 읽지 못하면 자신의 논문을 제대로 쓸 수 없다. 마찬가지로 논문을 잘 쓰지 못하면 다른 과학자의 논문을 제대로 읽을 수 없다. 논문 읽기와 쓰기는 이렇게 얽혀 있다. 그리고 이 두 가지가 잘될 때 비로소 독자적으로 연구할 수 있는 과학자로 우뚝 서게 된다.

요약하면, 실험실에서 같이 논문을 읽고 토론하는 일은 비판적 사고를 기르는 데 핵심적 역할을 한다. 자유로운 비판적 사고는 과학의 핵심이다. 과학과 종교 모두 세계관을 제공한다는 점에서 공통점이 있지만 그 작동 방식에서 극명한 차이를 보인다. 종교의 교리는 의심의 여지없는 불변의 진리이고 세계를 모두 설명할 수 있다. 반면, 과학적 진리는 한시적인 것으로 반증에 견뎌낼 때까지만 유효하다. 과학적 태도는 곧 비판적 태도이고 자기도취에 빠지는 것은 사이비 과학의 전형이다.

논문을 읽으면서 놓치지 말아야 할 한 가지가 있다. 이는 앞에서 여러 차례 강조한 부분이기도 하다. 논문은 성공한 역사의, 그것도 재구성한 역사의 기록이라는 점이다. 논문에서 실수와 실패의 흔적은 거의 드러나지 않는다. 하지만 뛰어난 논문의 저자들도 엄청난 실수와 실패 속에서 성공적인 연구 결과를 얻었다는 점을 잘 기억해야 한다. 논문을 읽을 때 저자들의 실수와 실패의 과정까지 머릿속에 그려진다면 이제는 좋은 논문을 독자적으로 쓸 만한 역량을 갖추었다는 뜻이다.

나오면서

논문이라는 창으로 세상을 바라보고, 논문이라는 길을 따라 걸어온 여정이 이제 막바지에 다다랐다. 오늘날 논문은 실험실 연구와 교육의 정점을 차지하고 있다. 논문은 이제 단순히 실험실에서 생산된 과학지식을 유통시키는 도구가 아니라 그 이상의 의미를 지니고 있다. 과학자 세계에서 직장을 구하고 연구비를 신청하고 승진을 하는 데 논문이 차지하는 비중은 그만큼 독보적이기 때문이다. 모든 길은 논문으로 통하고 있다. 더군다나 한정된 자리와 자원을 놓고 과학자들이 경쟁을 하다 보니 논문은 매우 중요해질 수밖에 없는 상황이 되었다.

연구의 목적이 전통적인 진리 추구를 넘어 경제적 이익 창출이나 사회 문제 해결로 옮겨가고 있다. 즉 전문 분과별로 호기심에 의해 자율적으로 주도되던 아카데미즘 과학은 제도적 경계를 벗어나 초학제적 성격을 띠게 되었고 임무 지향적인 산업화 과학으로 상당히 변모

했다.[1] 실험실 역시 기업화되고 있으며 관심 있는 연구 주제를 선택하는 것도 사회적, 문화적, 정치적 영향을 벗어나서 생각하기에는 어려운 상황이 되었다. 특히 질병 치료와 건강 향상이라는 가치가 적극적으로 개입되는 의생명과학 분야는 더욱 그러하다. 거기에 덧붙여 무한 경쟁이라는 신자유주의적 가치가 여전히 맹위를 떨치고 있다.

이런 상황은 과학자가 되려는 학생들에게 그리 우호적인 것은 아니다. 연구 과제에 집중하다 보니 교수와 학생 사이의 전통적인 사제지간의 성격이나 규율, 훈련, 자세, 마음가짐을 중요하게 여기던 실험실 문화는 점차 힘을 잃어가고 있다. 이러한 변화는 배움에 대한 진지한 고민이 퇴색될 우려를 낳기도 한다.

또 연구 생산성을 높이려다 보니 자연스레 실험실 안에서 분업화가 일어난다. 학생은 데이터를 생산하는 실험에만 많은 시간을 할애하는 반면, 지도교수는 실험을 설계하고 논문을 쓰는 일에 치중한다. 이에 따라 학생들은 논문을 쓰는 데 소홀해지고 만다. 정작 논문을 쓰기 위한 역량을 키우는 일은 대부분 암묵적 영역 속에서 이루어진다. 논문은 가설과 실험 결과를 철저히 재구성한 산물이기에 단순히 글쓰기 요령을 익히는 것 이상의 무엇이 필요하다.

실험적 방법은 과학을 엄청난 성공과 발전으로 이끌었다. 그러다 보니 과학자는 실험하는 사람이라는 인식이 강하게 새겨졌다. 물론 이 문제는 과학자를 어떻게 정의할까에 대한 것이 아니라 과학자를 어떻게 바라보느냐에 관한 것이다. 사실 이런 식으로 과학자를 규정하는 것은 상당히 위험한데, 어떻게 규정하느냐에 따라 문제 해결책이 달라

1 노에 게이치 지음, 이인호 옮김. 『과학인문학으로의 초대』. 오아시스. 2017. pp.266-273

지기 때문이다. 과학자가 실험하는 사람이면 실험을 잘하게 해주면 문제가 해결된다. 이때 자칫 실험하는 행위 자체나 데이터 생산 능력에 매몰될 우려도 있다. 또한 과학에서 실험이 중요한 것은 부인할 수 없는 사실이지만 실험만이 전부가 아니다.

그렇다면 과학자를 어떤 사람으로 자리매김해야 할까? 과학자를 주장하는 사람이나 논문 쓰는 사람으로 규정하는 것은 어떨까? 자신의 생각이나 이론을 논문을 통해서 주장하니까 말이다. 이때 실험은 그 자체가 목적이 아니라 하나의 수단적 성격이 강해진다. 이에 따라 실험실 교육의 목표는 논문을 쓰기 위한 역량을 키우는 쪽으로 무게가 실릴 수밖에 없다. 또한 대학 교육에서도 이러한 소양을 키우기 위한 노력에 힘을 실어야 한다. 물론 혁신을 제도화하는 일은 늘 쉽지 않다. 제도적 관성이 늘 앞길을 막기 때문이다.

일찍이 프랜시스 베이컨은 '실험적 능력'과 '추론적 능력' 사이의 밀접한 동맹을 강조했다.[2] 베이컨은 이론만 추구하는 독단론자와 이론 없이 경험만 중시하는 경험론자 모두 혹평하고 경멸했다. 베이컨의 생각은 지금도 여전히 유효한데, '실험하기'와 '논문 쓰기'가 밀접한 동맹을 맺어야만 진정한 과학자가 될 수 있다. 특히 논문 쓰기는 문제를 재구성하고 규정하는 방식에 관한 것이다. 하지만 생각하는 힘을 기르지 않는다면 쉽게 해결할 수 있는 문제가 아니다. 특히 변칙, 역설, 모순, 난제를 풀어내는 사고력의 함양은 위대한 발견의 원천이라 할 수 있다.

"연구란 무엇인가?"라는 근본적인 질문으로 돌아갈 필요도 있다. 연

● ● ●

2 이언 해킹 지음, 이상원 옮김. 『표상하기와 개입하기』. 한울아카데미. 2005. pp.403-426

구를 뜻하는 'research'는 '샅샅이 찾다'라는 뜻의 불어 'recercher'에서 유래된 것으로, 강조접두사 're-'에 '여기저기 거닐다' 또는 '돌아다니다'는 라틴어 'circare'에서 유래한 'cercher'가 합쳐진 단어이다. 그렇다면 연구는 여기저기를 계속 돌아다니면서 샅샅이 찾는다는 뜻으로 이해할 수 있다. 샅샅이 찾으려면 꼬리에 꼬리를 무는 질문을 끊임없이 던지면서 조사하고 확인하는 작업을 거쳐야 한다. 이런 의미에서 연구는 질문과 대답의 순환적 반복으로 정의할 수 있다.

칼 헴펠(Carl Hempel, 1905~1997)은 이그나즈 제멜바이스가 산욕열puerperal fever의 원인을 발견한 사례를 설명하면서, 가설의 도움 없는 자료 수집은 맹목적이며 어떤 자료를 수집하는 것이 합리적인가는 작업가설에 따라 결정된다고 했다. 마이클 폴라니 등이 말했듯 모든 관찰은 관찰자의 경험, 지식, 관점에 따라 달라지며 선입견을 철저하게 배제하기란 어렵다. 그렇다면 과학자를 길러내는 실험실 교육이 어느 방향으로 가야 하는지에 진지한 고민이 필요하지 않을까 한다.

이 책을 쓰면서 끊임없이 직면한 나의 한계 때문에 많이 괴로웠다. 또한 내가 무엇이 부족한지를 깨닫고 실감하는 계기가 되었다. 아쉽지만 힘겨웠던 이번 여정은 이 정도에서 마무리해야 할 것 같다. 실험실과 논문에 대해 좀 더 진지하게 고민하고 풍요롭게 풀어낼 수 있는 기회가 다시 한번 주어지기를 희망해본다. 실험실의 사회학, 실험실의 정치학, 과학자 사회의 심성mentalité 등이 다루어진다면 더욱 생생하게 과학 연구를 이해할 수 있을 것이다.

끝으로 과학을 뜻하는 'science'는 라틴어 '스키엔티아scientia'에서 유래했다. 중세 시대에 이 단어는 현상 이면의 질서를 의미했다. 신이 창조한 이 우주는 하나의 완벽한 통일체이기 때문에 모든 현상의 이면에는 드러나지 않는 질서가 있을 수밖에 없다. 그렇기에 과학에는 여전히 완전무결함을 꿈꾸는 종교적 흔적이 남아 있다. 그 흔적은 재구성을 통해 논리적 치밀성과 완결성을 열망하는 논문에도 고스란히 발견된다.

그러나 다시 말하지만 실제 이루어지는 과학 연구는 그렇지 않다. 실수와 실패로 점철되어 있다. 더군다나 열정과 노력 그리고 우연이 절묘하게 결합된다. 페니실린을 발견하여 1945년 노벨 생리의학상을 받은 알렉산더 플레밍이 자주 인용한 루이 파스퇴르의 명언이 있다.

"우연은 준비된 사람에게만 주어진다."

논문이라는 창으로 본 과학

_과학 논문을 둘러싼 온갖 이야기

초판 1쇄 발행일 2019년 10월 28일
초판 2쇄 발행일 2020년 3월 20일

지은이 전주홍
펴낸이 이원중
펴낸곳 지성사

출판등록일 1993년 12월 9일 등록번호 제10-916호
주소 (03458) 서울시 은평구 진흥로 68 정안빌딩 2층 북측(녹번동 162-34)
전화 (02)335-5494 팩스 (02)335-5496
홈페이지 www.jisungsa.co.kr 이메일 jisungsa@hanmail.net

ISBN 978-89-7889-426-5 (03400)
잘못된 책은 바꾸어드립니다. 책값은 뒤표지에 있습니다.

「이 도서의 국립중앙도서관 출판예정도서목록(CIP)은 서지정보유통지원시스템 홈페이지(http://seoji.nl.go.kr)와 국가자료공동목록시스템(http://www.nl.go.kr/kolisnet)에서 이용하실 수 있습니다.(CIP제어번호: CIP2019041289)」